1975年春,吉姆·伍德曼与朱利安·诺特乘坐"神鹰一号"气球飞行在秘鲁纳斯卡平原上空。

1797年,安德烈－雅克·加尔纳林公开展示世界上第一个无框架布制降落伞。

BLANCHARD and JEFFRIES crossing the CHANNEL in 1785.

1785 年，皮埃尔·布兰卡德和约翰·杰弗里斯首次乘气球飞越英吉利海峡。

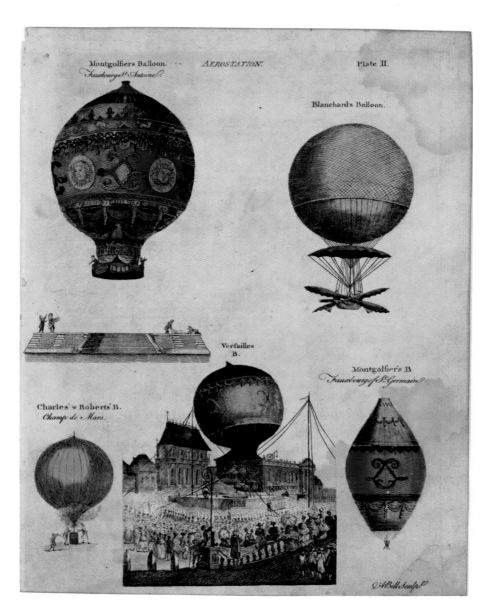

蒙戈尔费埃兄弟、布兰卡德等飞行先驱设计的气球。

"戈登·贝内特杯"是世界上历史最悠久的长距离气球比赛,始于 1906 年。

2003 年,为纪念人类首次可控飞行 150 周年,本书作者理查德·布兰森原样重演了 1853 年的这一壮举。

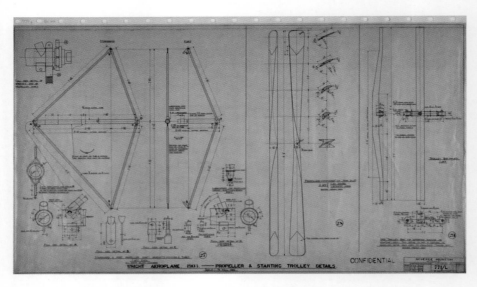

莱特兄弟专门为在基蒂霍克开展飞行实验而设计的规划图。

1903 年 12 月 17 日,奥维尔·莱特驾驶历史上第一架飞机飞向天空。他的兄弟威尔伯·莱特在一旁紧张地观望。

查尔斯·林白飞越大西洋后，赢得了雷蒙德·奥泰格设立的 25000 美元奖金。

1913 年, 罗兰·加洛斯乘坐一架法国单翼飞机飞越地中海。

杰出的女飞行员艾米利亚·埃尔哈特创造的"第一", 足以编成一本书。

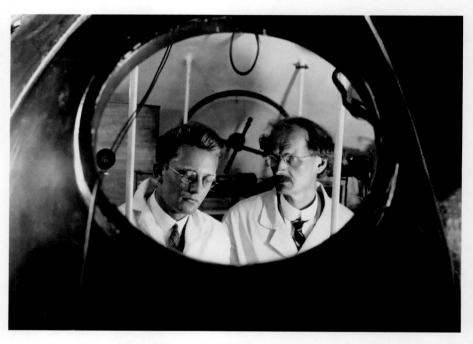

1931 年，奥古斯特·皮卡尔德（右）和他的同事保罗·吉普弗驾驶一只注入氢气的玻璃纸气球升空。

理查德·布兰森童年时期的偶像——道格拉斯·巴德（摄于 1950 年）。

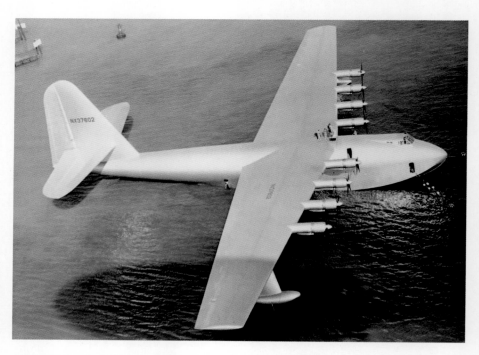

休斯的"H-4 大力神"飞机拥有史上最大的翼展和最高的机身。

苏联设计的地效飞行器时速近 250 英里，飞行高度仅离水面数米，被西方情报机构取名"海怪"。

"上帝,现在请保佑我。"说完这句话后,乔·基廷格从 102800 英尺高空纵身跃下,完成了世界上最长距离的自由降落。

乔·沃克是世界上两次拜访太空的第一人,他驾驶的是 X-15 战斗机。

为 NASA 宇航员量身定做的椅子。

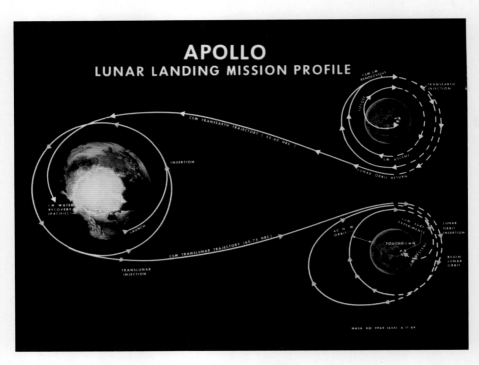

NASA 的阿波罗计划实现了儒勒·凡尔纳的登月梦想。

出自唐·卡梅伦之手的热气球"布里斯托尔美人"。

第一个飞越大西洋的热气球"维珍大西洋飞行者"。

1991 年，理查德·布兰森与派·林斯川在为世界上首次乘气球横跨太平洋做准备。

1997 年，亚历克斯·里奇（右）加入布兰森与林斯川的行列，参与气球环球飞行之旅。

1998年,派·林斯川、史蒂夫·福赛特和理查德·布兰森开始了驾驶"ICO环球挑战者"环游世界的尝试。

理查德·布兰森的气球环球之旅未能成功。他从"ICO 环球挑战者"密封舱上跳下,跃入波浪起伏的太平洋。

1998 年，理查德·布兰森等人的气球环球之旅，因故终结于夏威夷附近海域。

伯特兰·皮卡尔和布莱恩·琼斯在 1999 年 3 月驾驶"博莱特灵卫星三号"完成了首次气球环球飞行。

2005 年，理查德·布兰森向即将驾驶飞机环球飞行的史蒂夫·福赛特道别。

史蒂夫·福赛特如愿完成了环球飞行, 身后的飞机便是"维珍大西洋环球飞行者号"。

伯特·鲁坦展示"太空船二号"的模型。

NASA 研制的完全采用太阳能的"绿色"飞行器。

著作权合同登记号

图字:01 −2010 −4588

REACH FOR THE SKIES

BALLOONING,BIRDMEN AND BLASTING INTO SPACE

飞天传奇

人类探索飞行的故事

[英] 理查德·布兰森 著 | 钱峰 译

Richard Branson

法律出版社 LAW PRESS·CHINA

谨以此书，
献给我业已逝去的挚友和相识者，
献给那些曾以友情丰富了我生命，并为自己的梦想
付出了终极代价的飞行家和冒险家们

目 录

序　言

当我还是个小男孩时，我们一家人经常前往诺福克的克莱尔阿姨家过暑假。克莱尔阿姨有一个很亲近的朋友，叫道格拉斯·巴德（Douglas Bader）。他是二战时期的金牌飞行员，可惜在一次坠机事件中失去了双腿。我们经常去阿姨家花园尽头的贮水池游泳。道格拉斯会卸下两条假肢，然后扑进水中。一旦抓住机会，我就会偷偷拿走道格拉斯的两条锡质假肢，把它们藏在水池边缘的灌木丛里。

对于一个小男孩来说，没有什么事情能够比被功勋卓著的战争英雄追赶更加让人兴奋了。更妙的是，我知道自己不可能被抓住——至少我是这样认为的。我很快就会了解到，要想对付调皮捣蛋的小男孩，拥有多年战争经验本身就是有力的武器。不管有没有假肢，这位英雄驾驶员总会取得最终的胜利，就如同他当年驾驶战斗机迎着阳光冲向敌机，猛烈开火直至最后一秒钟。而我只能在阿姨的磨坊里四处乱跑——然后停下来动弹不得，吓得要命，因为这个像炮管一样强大的男人会对我咆哮，气得咬牙切齿，靠着有力的双臂，朝我这里蹒跚而来。最后我只得拼命呼救。

这时候，克莱尔阿姨就会从她的帆布长椅里直起身来，向我投来责难的目光，这目光如同炮弹，如果对准敌机，一定会将它击落。"天呐，理查德！快把道格拉斯的腿还给他！"

如果我在一生中，曾经将飞行的梦想赋予了抱负与成就的意义，这要多亏道格拉斯·巴德。道格拉斯·巴德曾经带着我的阿姨一起飞行，而且他们的飞机真的会在空中展现出各种惊险的特技。（我觉得，他肯定对我阿姨有意思。）在这位二战金牌飞行员的榜样效应下，我变成现在这样一个永远憧憬着冲上云霄的人，也就不足为奇了。在我的同龄人当中，我并不是唯一视他为榜样，被他的故事所鼓舞的孩子。［保罗·布利克希尔（Paul Brickhill）曾为其撰写的名为《冲上云霄》（*Reach for the Sky*）的自传堪称经典之作，之后被改编成由肯尼斯·摩尔（Kenneth More）主演的同名电影，而本书正是要向该书致敬。］"不要听信那些告诉你这个不能做、那个也不能做的人，"他曾经这样说道，"那都是一派胡言。"

自从有文字记载以来，无数的先驱们就开始梦想着有朝一日能够冲上云霄。近两百年来，他们已经掌握了空气运动的原理，并且在现代社会中将飞行变成可能。今天，他们还将外太空纳入我们的飞行领域。他们是投资者、制造商、业余者、冒险家、幻想家、梦想家，以及——是的，以及狂想家。一些人将他们称为不负责任者，甚至是危险的家伙。不过，我见过他们当中的许多人。我跟他们合作共事，为他们的事业提供资金支持，还与他们并肩飞行。因此，我崇拜他们，信任他们，而且，我认为他们以及他们那一类人，才是我们这个社会的未来之所在。

一些人为他们的事业付出了终极代价。理查德·埃利斯（Richard Ellis）教会我如何飞行，或者说他曾经尝试过教会我。出色的工程技师亚历克斯·里奇（Alex Ritchie），以及优秀的飞行领域先驱史蒂夫·福赛特（Steve Fossett）都是我的朋友。当我们试图驾驶热气球横跨太平洋时，尔麻文雄（Fumio Nima）作为我们的一位对手，果敢英勇，极富魅力。2006年，我登上了一架英国闪电式超音速战斗机，驾驶员是来自南非的大卫·斯托克（Dave Stock）。我们试图打破垂直速度的世界纪录，即在不到102秒的时间内，从停机坪跑道上的静止状态上升至29000英尺的高空。我们仅以两秒之差未能打破该项纪录，但是大卫没有就此放弃，而是不断尝试挑战极限。2009年11月，在南非举办的奥福贝格空中表演（Overberg Air Show）中，大卫的闪电式战斗机不幸坠毁。

"液压故障，"大卫直至生命的最后一刻都保持着冷静专业的一贯态度。"我正在准备跳伞。"在两秒钟后，他报告："我的弹射座椅故障。"就这样，飞机在地面坠毁，大卫因此丧生。他年仅四十岁，育有两个孩子。在我回顾飞行历史时，大卫和其他先驱们给予了我巨大的鼓舞和勇气。在这本书中，你将会读到英勇的救援故事、不断被刷新打破的纪录、关于忍耐和生存的不可思议的技艺，还包括我自己的一些冒险经历，以及未来航空（航天）事业的发展状况。这是一本关于先驱的故事，包括闻名遐迩的蒙戈尔费埃兄弟和莱特兄弟。但是，我也想要描述一些该领域不太知名的开拓者，比如托尼·亚努斯（Tony Jannus），他在1914年完成了世界上第一次预定的商业飞行，以仅仅五十英尺的飞行高度，运载着他的旅客从坦帕湾上空驶过；比如"鸟人"里奥·瓦伦汀（Leo Valentin），在二十世纪五十年代，他曾用固定在自己肩膀上的木质翅膀从九千英尺的高度跳下；比如我的朋友史蒂夫·福赛特，他的一生都在致力于打破纪录和不断冒险。

这是他们的故事。从某种意义上来说，这也是我的故事。

导　言

纪念史蒂夫·福赛特

理查德·布兰森与史蒂夫·福赛特

那是 1997 年 1 月一个寒冷的夜晚。在密苏里州圣路易斯市老旧的布施体育馆里，一位名叫史蒂夫·福赛特的男人正在准备独自乘坐热气球展开环球旅行。尽管我们素未谋面，作为竞争对手的我还是决定前去祝他好运，并为他送别。

在当时，极限飞行的新奇世界仍然由传统的运动家精神所支撑，而且我也很期待握一握竞争对手的手。然而，当我到达那里并看到他的气球时，眼前所见让人难以置信，压倒了其他一切想法。我怀疑这个人一定是疯了，否则怎么可能会有人将自己的性命托付给一个小桶？在我看来，这无疑是我见过的最原始、最廉价的气球设计。这又不是某个喷射式的冲浪板，这是一个要用于对付常态下低空中那种糟糕气候的气球。他想要凭借这样一个玩意儿环游世界？在一个桶里？于是，我和一位貌似地面工作人员的家伙聊了起来，正准备发表我针对此次事件不怎么乐观的言论。这时，一个电视报道组向我们走来。由于诸多摄像机在场，我稍微收敛了一下自己的言辞。

"你知道，"我说，"这个人一定比我还要疯狂。"

那人点点头，叹了口气："没错。"然后他伸出右手自我介绍："我是史蒂夫·福赛特。"

当时，史蒂夫五十多岁，曾经是芝加哥一位非常成功的场内交易人。也就是在那段时期，他萌发了挑战自身极限的想法。他告诉我："曾经有那么一段时间，我除了拼命工作谋生以外，什么事情都不做。我对此感觉万分沮丧，最终下定决心，要重新开始自己的生活。"

从二十世纪九十年代中期到 2007 年去世的这段时间里，史蒂夫打破了130 项世界纪录，其中包括 93 项飞机、气球和飞艇项目的纪录，以及 23 项快艇项目的纪录。他几乎攀登了世界上所有最高的山峰；他曾经游泳横渡英吉利海峡；他还学习滑翔，并与副驾驶员特里·德洛尔（Terry Delore）一起打破了滑翔公开级别（Glider Open Class）21 项纪录中的 10 项；他学习如何驾驶热气球，并且成为世界上首位独立驾驶热气球环游世界的人。

史蒂夫渴求探索世界，渴求探索世界运转的奥秘。他的好奇心和求知欲似乎永远无法得到满足，因此，冒险活动中各种技术层面和理论层面的信息都令他痴迷。他能够理解自己的冒险行为所带来的技术革新，并且引以为傲。2007 年，当时他正在寻找合适的场地来试验他新发明的汽车。那是一台装有喷气发动机的庞然大物，他希望能够搭载这辆车创造全新的世界陆地速度纪录。试驾证明，这辆车确实具备一定的稳定性。在项目指导埃里克·奥斯龙（Eric Ahlstrom）的带领下，整个团队蓄势待发，目标是实现每小时八百英里的陆地速度。

于是，2007年9月3日，史蒂夫借来一架飞机（一架贝兰卡—迪卡侬的单引擎特技飞机，机身和机翼由木头和张开的布制成——这是几乎与载人飞行本身一样古老的技术）。然后，这架飞机从西内华达州的"飞翔—M"牧场起飞，开始了长达三小时的侦察飞行。

然而，这一次，他没有安全返航。

他的失踪所引发的搜寻行动，是历史上规模最大的同类行动之一。民航巡逻组织、国民警卫队、治安管理部门，以及从明登—塔霍机场（Minden - Tahoe）和"飞翔—M"牧场起飞的志愿飞行队纷纷加入。他们仔细搜寻史蒂夫飞机的踪影。六天过去后，搜救行动没有任何结果，于是，搜索工作开始向更为广阔的范围延伸。亚马逊公司的彼得·科恩将最新的卫星拍摄画面分成若干部分，散发给全球的互联网用户。既然全世界的志愿者都在寻找史蒂夫，那么他就一定能够被找到。我们是这么想的，也是这么期盼的。大家都在祈祷。

我们互相诉说着过去那些充满奇迹色彩的救援，谈论着人类所拥有的不可思议的忍耐和生存技能。这就像史蒂夫曾冲破重重阻碍，穿越内华达山脉一般。在学生时期，他难道不是曾游去阿尔卡特拉兹岛，之后又游回来了吗？他这种人一定能在历经千难万险之后存活下来，就像1998年他从五英里的高空坠入鲨鱼频繁出没的珊瑚海后依旧幸免于难那样。

在沙漠里，奇迹确实时有发生。1927年，米高梅电影公司的职员展开了一次运送"里奥"的横跨美洲特技飞行，"里奥"就是那只在米高梅公司影片开头发出震天嘶吼的雄狮。（这只狮子的真名叫史莱兹，来自都柏林动物园。）他们驾驶着一架布鲁汉姆单引擎飞机——和查尔斯·林白横跨大西洋时驾驶的那种飞机非常类似——并且直接在驾驶舱后装上了一个笼子。

马蒂·詹森受雇将史莱兹从圣地亚哥运往纽约。在飞行五小时之后，他发现自己迷失了方向，接着飞机触地，导致机翼和起落架纷纷掉落。最后，他发现自己受困于一处峡谷，四周都是悬崖峭壁，完全没有出路——还有一头雄狮在身边。

詹森给狮子喂了一些牛奶、水，以及自己一半的午餐，随后开始徒步行走，以寻求救援。

四天之后，几乎饥渴致死的詹森被牛仔所救。他苏醒后在第一时间便致电米高梅。

他们的第一个问题就是:"狮子怎么样了?"

我们等待着。我们互相诉说着幸存的故事。

一万七千平方英里的范围。

那年,史莱兹幸免于难,并且毫发未损。之后,史莱兹很长时间内都在进行巡回演出,退休后于1936年平静地死去。

四万四千平方公里的范围。

广袤的沙漠远非空空荡荡。搜索行动进行的时间越久,搜索人员发现的飞机残骸就越多。在开始几周内,搜救队发现了六架坠毁飞机。他们的驾驶员是谁? 是年轻人还是老者? 他们有没有家人? 有没有人为他们哀悼? 他们为世人留下了什么?

对于这一切,我们都无从得知。沙漠中布满了无法通行的峡谷。了解沙漠的人都很清楚,没有人能够预测出可能发现的飞机残骸数目。

我想这就是你正在阅读的这本书的由来。我当时突然意识到,无论市面上有多少书问世,飞行的历史——飞行真正的历史——都是没有边界的,而且,绝大部分是没有被记录下来的。在这本书中,我想要讲述我心目中的飞行史——那些对我来说非常关键的故事。这些故事写的是那些激励过我的人们,是我曾经做过的以及我的朋友和家人们做过的事情,是发生在我们身上的事情及其原因。这本书中的所有内容都是真实的——当然,它也并不能表现出全部的真相。

并非所有飞行领域的先驱都会离开地面,飞向天空;有些人必须在地面工作,得坐下来思考问题。瑞典物理学家斯万特·奥古斯特·阿列纽斯(Svante August Arrhenius)在1906年出版了《世界起源》(*Worlds in the Making*),这是世界上第一本谈及温室效应的专著。有朝一日,当"太空船二号"(SpaceShipTwo)开始它的处女航,功臣中会包括詹姆斯·洛夫洛克(James Lovelock),他研究出了地球上的岩石、风和海洋能够维持地球上生命存在的原因,而这些成就推进了他对火星的研究。

先驱们从不单独行动。约瑟夫是一名赌徒和梦想家;艾蒂安生性严谨、有责任感:蒙戈尔费埃兄弟俩携手将人类飞行的事迹刻入了近代史。莱特兄弟也是如此,他们截然不同而又密不可分:他们共同发明了活动机翼,从而造就了现代飞机的原型。到了今天,鲁坦兄弟享有莱特兄弟那样的盛名。在将注意力转向宇宙飞船之前,伯特·鲁坦(Burt Rutan)曾成功地用特制的树脂将大型飞机粘合起来;而他的兄弟迪克·鲁坦(Dick Rutan)驾驶这些飞机创造了世界纪录。

不是所有的先驱都会成功。克莱门特·艾德(Clément Ader)曾早于莱特兄弟十年就成功实现了重于空气的载人飞行。然而,他每一次公开展示均告失败。在二十世纪九十年代,劳瑞·纽曼(Larry Newman)花费了整整两年时间,试图驾驶"地球风"气球环游世界。这不仅让他自己筋疲力尽,而且让所有的支持者、志愿者以及朋友都疲惫不堪。在最后一次飞行中,"地球风"飞行了一百英里。

最关键的一点在于:乘客本身也是先驱。飞机最初的一批乘客中就包括了探险家、搜索队、医生、科学家、地质学家和绘制地图者。不过,真正的早期飞机乘客,当属那些寻欢作乐之徒,这些男男女女对于从新视角观察世界乐此不疲。最终,这些乘客推动了现代空中飞行的发展。因此,我们必须感谢他们为改造世界所作的贡献。

我人生中的很多时候都是在飞机上度过的。我有时会厌倦于这种例行公事的飞行,例如我的下一次商务旅行就是如此。**但是,每次飞行途中,我都会向窗外眺望,并且为自己的所见所思而感谢上苍。**我对于空中旅行所知甚多,对于航空事业也有所涉猎,因此旅行让我倍感兴奋。如果这本书能够为你的空中旅行带来一丝神奇感,带来哪怕一点点的奇迹色彩,那么我就算完成了我的使命。天空可是充满了各种各样的奇迹。

这本书的写作过程极具挑战性。然而,随着写作的不断深入,我感觉自己愈发自信。我发现并且再度发现了那些伟大先驱的故事,他们比我更加奋发,更加聪慧,也更加勇敢——我在结尾时意识到,我已经成为故事的一部分。我在众多的竞争者中出类拔萃,并且创造了多项纪录。和许多先驱一样,我曾经坠入海中,然后被救上岸,几乎冻僵。我知道冻伤的滋味。我了解当气球升至空气稀薄处,当你无法顺畅呼吸时五脏六腑所感受到的痛苦。我明白从空中坠落时高度计指针的运作状态。我也清楚驾驶未经试验的飞机、使用高热值燃料飞行,以及坠毁一架毫无把握的自制飞行器的滋味。

最棒的是,事业上的成功让我有机会帮助各阶层的冒险家、工程师、科学家和幻想家实现他们的抱负。我曾经遇见许多杰出人士,但是没有人能够超越史蒂夫·福赛特。在他当时那个年纪,许多人已开始放慢脚步,回忆人生。然而,史蒂夫却决心要打破纪录,上路冒险。如果你日复一日于这样的生活,那么,总有一天你会耗尽所有的运气。尽管所有朋友都无法预言史蒂夫的死法,但是,我们都认定,史蒂夫迟早会以一种波澜壮阔的豪迈方式结束生命。当他耗尽最后一点运气时,他正驾驶着一架轻型飞机,而他对这架飞机了如指掌。

史蒂夫膝下无子,因此,他只需要掌控自己的生活。他也确实这么做了。在史蒂夫去世后,他留下的未竟事业,系于一艘潜水艇。他一直在追赶世界深潜纪录。史蒂夫没有求死的愿望。与之完全相反,他对于生活的渴望是如此强烈,以至于战胜了所有的恐惧。就算他的选择会缩短寿命,那又如何?他的选择充实了他的生命,也丰富了他身边所有人的生活。

2008年10月,在那个吞噬了史蒂夫生命的渺无人烟的沙漠中,另外一名冒险家——那是一名周末徒步者——偶然发现了史蒂夫·福赛特那架飞机的残骸。尽管事故才过去一年,可是,这架飞机由木头和帆布制成的机身,已经跟失踪一个世纪之久的飞机残骸没什么区别了。

这本书涉及两百多年间的空中冒险故事。史蒂夫是故事的一部分。飞行的历史中充满了各式各样卓越非凡的人,而他们当中的所有人,都会理解并且欣赏史蒂夫的冒险故事。

史蒂夫是某种传统的一部分,而这种传统并未随史蒂夫的去世而消亡。它将会得到千载传承。

第一部分

上升阶段

逃亡计划:代达罗斯(Daedalus)为儿子伊卡洛斯(Icarus)
打造翅膀(雕带,公元两百年)

第一章
漫步云端

首先,我想要讲几个故事。

第一个故事来自希腊神话,你也许已经听说过这个故事:关于伊卡洛斯如何依靠羽毛和蜜蜡做成的翅膀飞到距离太阳很近的地方,而后这些翅膀如何融化,最终导致伊卡洛斯坠入爱琴海的悲剧结局。

事实上,随着这个故事代代相传,它变得更好,更加令人信服。伊卡洛斯是代达罗斯的儿子,而代达罗斯是一位才华横溢但性格暴躁易怒的发明家。他不断地和自己的庇护人产生矛盾,还嫉妒所有和他一样有才华的人。代达罗斯的姐姐把儿子珀耳狄克斯交给代达罗斯做学徒。尽管珀耳狄克斯天赋异禀,仍旧落得悲剧收场。他总是四处徘徊、去海滨流浪,不断收集材料,善于观察。他从自然的运作模式中汲取灵感。他从蛇的下颚受到启发,发明了锯子。

代达罗斯曾经发明过斧子、铅垂线、锯子和胶水,但他仍然感觉自己地位不保。于是,代达罗斯在外甥的下一次旅程中紧紧相随,将其带入雅典卫城,并引诱外甥探出身体到窗外欣赏景色,最后一把将他推下去杀害了。

代达罗斯没有逃脱命运的审判。他被流放到克里特岛,为国王米诺斯工作:为皇室当中最不得宠的儿子——牛首人身、性格凶残暴虐的怪物米诺陶洛斯——建造一座迷宫。

虽然情绪低落,代达罗斯还是继续工作。他把一半心思放在建造迷宫上,另一半心思放在米诺斯的情妇那可瑞忒身上。随后,他的儿子伊卡洛斯出生了。代达罗斯不仅给国王米诺斯戴上了绿帽子，还放弃了为米诺斯的女儿建造迷宫的计划，这样她就得以和那位遭到囚禁的外国冒险家兼盗贼忒修斯一起出逃。等到米诺斯发现真相后，他一怒之下，将代达罗斯父子扔进迷宫，任由他们自生自灭。

故事发展到这里，终于牵涉到了翅膀。代达罗斯制作了两副翅膀：一副给自己，另一副给儿子。他们可以一起从国王米诺斯的卫队和庞大船队的头顶上越过，然后飞去西西里岛。跟被他杀害的外甥一样，代达罗斯从自然中汲取灵感，将羽毛按照尺寸大小绑在一起，制作出类似于飞鸟翅膀的弯曲的飞翔面。他用绳子固定大型的羽毛，用蜜蜡固定小型的羽毛，并叮嘱伊卡洛斯，要让翅膀远离水面和高温的太阳。

与我们耳熟能详的故事的发展一样，伊卡洛斯是那个悲剧英雄：一位浪漫主义的人物。他被飞翔所带来的兴奋感所折服，他渴望着太阳，最后，他惹了麻烦，丢了性命。我们很容易忘记整个故事的最终结局，那就是他的父亲成功地飞离了克里特岛。

代达罗斯成功飞越海峡，降落在西西里岛。在那里，他建造了阿波罗神庙，得到了当地国王的庇护。但是米诺斯到头来还是找到了他，不过，在庇护人的帮助下，代达罗斯杀死了米诺斯。

当然，这只是一个故事。但是，它毕竟来源于某处。那些传播故事的人们，肯定知道故事中的构想源自何方。他们知道观察与学习的重要性；他们描述珀耳狄克斯的锯子和代达罗斯的翅膀时，也展示了工程学从大自然中获取灵感的过程。他们知道发明制作新事物所需要的自我和自信，他们也知道必须有人为惹出的麻烦付出代价。他们知道庇护人（资助者）与设计者之间极易产生纠纷，也知道仇恨和破裂的忠诚感如何能摧毁最完美的计划。

接下来是另一个故事。在 1630 年到 1632 年间，土耳其发明家赫扎凡·艾哈迈德·切莱比（Hezârfen Ahmed Çelebi）前后共计八九次，成功地利用鹰的翅膀"依靠风力飞行"，飞过伊斯坦布尔沃克米达尼（Okmeydani）的讲道坛。国王穆拉德四世（Murad Ⅳ）对此感到非常震惊，于是赐给赫扎凡一袋金币，奖励他的发明。随后，国王宣布："这是一个令人恐惧的人，他能够随心所欲。留下这种人无疑是一项不明智的选择"——于是，切莱比和他刚到手的财富便被礼貌地押离本国，流放到阿尔及利亚。

莱昂纳多·达·芬奇设计的飞行器的主要结构，
就是图中所示的看起来不太可靠的降落伞。

在浩瀚的历史长河中,不乏各种实物大小的载人飞行器出现,但无人能够以有实际意义的、持续性的方式离开地面飞行,而这并非源于知识的匮乏。如果达芬奇能够在十五世纪获取轻质的材料,那么他制作的一些飞行器是可以飞行的。而且,使用的材料其实很简单:只要有涂抹了清漆的合适丝绸以及纸张,就足够让文艺复兴时期的佛罗伦萨和米兰上空充满各种悬挂式滑翔翼和个人飞行者了。

不过,他们并非第一批飞行者:在公元前四世纪的中国,悬挂式滑翔翼也许已经诞生。可以肯定的是,北齐(约公元550—559年)的文宣帝曾使用罪犯作为载人风筝的试飞员。在那之前两个世纪的一本奇书甚至详载了对一种旋翼飞机的描述:"或用枣心木为飞车,以牛革结环剑以引其机。"[1]

尽管人类乘坐设计精妙的飞行器四处飞翔的图景极具诱惑力,但是它们更有可能只是模型——并带领我们进入下一个故事。

"先生们,"哈代·克鲁格(Hardy Krüger)宣布,"我一直在检查这架飞机。"

抛开詹姆斯·斯图亚特(James Stewart)和理查德·阿滕伯勒(Richard Attenborough)领衔的强大阵容,以及片中的精彩表演不谈,我仍认为《凤凰劫》是所有关于飞行的电影中最重要且最有深度的一部。这绝对是名副其实的评价。这部电影是一部简单的冒险故事片,改编自多产小说家艾利斯顿·特雷弗(Elleston Trevor)撰写的一部同样简单(并且同样扣人心弦)的小说,可惜这位小说家今天已经被人遗忘。

故事发生在二十世纪六十年代。一架旧式的菲尔柴德货机运载着一批石油工人飞出撒哈拉沙漠时,突然刮起一场沙尘暴。一台引擎发生故障,随后熄火。由于沙尘暴的肆意暴虐,导致飞机被迫降在沙漠中心最为荒芜的不毛之地。这就是电影开头的画面。接下来发生的事情非常有趣。由于之前的一个小插曲,没有人知道这架飞机失踪了。幸存者无法靠步行走出广袤的沙漠。他们能做的只有等死。这时候,一个年轻自满且全然不讨人喜欢的德国人——我觉得这是演员哈代·克鲁格最精彩的表演——在飞机周

---

[1] 根据英文,原文应出自《抱朴子·卷十五·杂应》。意思是:"一些人已经制作出会飞的车辆,他们取枣树的树心为材料,然后将牛皮(皮带)系在多片旋转的剑锋上,以带动这部机器飞行。"——编注

围游荡，一圈又一圈地绕着飞机走，不断用指尖触碰被烈日炙烤的机身，不时地敲击刺戳一下。他的行为简直让所有人发狂。他想要干什么？这个名叫多夫曼的家伙是一位飞机设计师，并且一直试图制造出逃离沙漠的运载工具。他认为，坠机现场留下了足够多的可用零部件，完全可以制造一架新飞机。就算他们没有因为筋疲力竭而死，搭乘简易廉价的自制逃生工具也肯定难逃厄运。可是，努力过后再死，总要强过坐着等死。他们决定展开行动。但是，多夫曼其实隐瞒了一些事情。他只设计过模型飞机，根本没有任何制造"真飞机"的经验。等到这一让人气愤的真相最终曝光后，多夫曼为自己的辩解却让人精神一振。他大汗淋漓而又忐忑不安地发表了一场演说——一场过度冗长并且支离破碎的演说，我在此不便赘述。他粗略地描述了航空飞行的历史，声称航空工业中最伟大的飞跃都起源于模型设计，随后将其一一列举了出来。

有意思的是，这场演说的观点几乎与事实无异。模型飞机的历史要比载人飞机的历史久远得多。在历史上，几乎各个时代的孩子都会玩模型飞机。公元前二世纪，出生在非洲的作家兼法官奥卢斯·格利乌斯（Aulus Gellius）发现了能够证实阿契塔（Archytas）生平故事的几处源头，而后者是柏拉图的朋友以及数理工程学的创始人。格利乌斯写道："不仅是众多杰出卓越的希腊人，甚至连法沃里努斯（Favorinus）这位勤于搜寻古籍的哲学家，都曾积极地宣称，阿契塔曾经制作出一个充满力学巧思的木质鸽子模型，并且在飞行中展现出无与伦比的美学意义。你可以看到，尽管这个模型有一定的重量，但在飞行中却保持着绝佳的平衡，借助被封闭起来而藏匿其中的气流产生动力。"如果这个故事是真实存在的，那么阿契塔的"鸽子"就是我们已知第一台人造的自力推进飞行设备，换言之，一架鸟型的、由蒸汽推动的模型飞机！

中世纪时期，风力磨坊的广泛普及造就了玩具风车，而这一发明又反过来激发了玩具直升机的发明，在公元1325年一本弗兰德人的手稿上首次出现了玩具飞机的图纸。在莱特兄弟小时候，玩具店里充斥着各种玩具直升机。它们借由橡皮筋产生动力，能够上升至五十英尺的高空。看完本书后面对于航天飞船设计师伯特·鲁坦的介绍之后，我们就会发现：模型在历史上的各个阶段都占据着重要地位，并且激励了众多发明创造的问世。

彼得·勃鲁盖尔（Pieter Breugel）于公元 1560 年创作的绘画中
展现了一名儿童把玩一架玩具直升机的场面。

大多数人热切期盼着自己能够有机会从太空中俯瞰地球的景象。我知道:我也是其中一员。即将成为现实的维珍银河公司亚轨道之旅的票价为二十万美元。我希望有一天你能够加入维珍银河公司的太空之旅。我们正致力于让太空之旅变成人人可以负担得起的旅行项目。不过,在此之前,你应该让自己享受一次标价八十九镑的热气球之旅。

气球已经存在了相当长的时间,但是,在我童年时期,公开表演的气球飞行却非常少见。气球一直都是有钱人的专享玩物,直到 1960 年左右,一个名为艾德·约斯特(Ed Yost)的美国工程师使用尼龙布作为气囊,将丙烷燃气作为热源,建造出了廉价又安全的气球。布里斯托一家飞机公司一位名为唐·卡梅伦(Don Cameron)的工程师把约斯特的设想带到了欧洲,随后他为自己建造了第一只热气球,将其命名为"布里斯托尔美人"(Bristol Belle)。1967 年 7 月 9 日,这只热气球在英国皇家空军驻地绿野韦斯顿(RAF Weston – on – the – Green)的上空升起。基于约斯特和卡梅伦设计理念而制成的气球,就是你如今在夏日天空里经常看到的、漂浮在天空中的那种热气球。气球节吸引着来自四面八方的气球爱好者,其中多数气球节只是地方性的事件,而全球最富盛名者,当数在美国新墨西哥州阿尔伯克基市举办的气球节。在那里,成百上千的热气球驾驶者豪饮着百威啤酒,努力再现十九世纪报纸头条中常见的那种惊心动魄的飞行表演。

气球兄弟会是一个充满自豪感而紧密联系在一起的团体。尽管那些富有的冒险家和企业赞助者不断冲击着世界纪录,但是这个团体的成员对此却持保留态度。他们非常谨慎地对待这种运动,不喜欢在媒体面前作秀。气球运动是一项引人入胜且需要深思熟虑的事业,竞争者们都遵循复杂精细的规则。在一小时左右的时间内飞行十英里,并且降落在预定着陆地点的数英尺半径之内,要做到这一点绝非易事。有不少人驾驶着注入氢气的气球参加长距离比赛,其中最有名的赛事当数戈登·贝内特杯。该项赛事是小詹姆斯·戈登·贝内特于 1906 年创立的。贝内特是《纽约先驱报》的发行人,还曾资助了搜寻探险家利文斯通的行动。热气式气球和轻气式气球分属于完全不同的种类,下文会提到这方面的内容。因此,不同种类的气球保有各自的纪录,以向各自的胜利者致敬。对于初学者而言,可能会感觉有些摸不着头脑。

我初次接触气球时的情形可谓与众不同。在气球设计师派·林斯川

（Per Lindstrand）给我打电话之前，我与柳条筐最亲密的接触，还是那部由儒勒·凡尔纳的名著《八十天环游世界》改编的电影。我看到演员凯丁弗莱斯从一个柳条筐里探出身来，从马特洪峰的一侧舀了一把雪，用来冰镇大卫·尼文的香槟。（在书中，主角福格展开了天马行空的想象力，几乎利用了所有可用的工具来环游世界。而他的气球之旅简直是一场灾难：它们居然往后退了。）

派的工程师生涯起步于瑞典空军。他在二十世纪七十年代第一次驾驶气球时，飞行仅仅持续了几秒钟。1998 年，他在接受《气球生活》（*Balloon Life*）杂志汤姆·汉米尔顿采访时回忆："由于健康每况愈下，我被剥夺了飞行资格。*于是有人跟我打赌说，我今年之内不可能从机场上空飞过。他们知道我的飞行医生到时候绝对不会允许我回到飞行状态。然而，在十二月，我制作了一只临时气球，并且乘着它穿越了机场跑道。*"

派继续在萨博公司和洛克希德公司工作。一位瑞典邻居从英国给他带回一只号称世界上最先进的气球时，派简直不敢相信自己的眼睛。这就是当时最先进的气球？派只需要瞟上一眼，就知道自己可以制作出更好的气球。到二十世纪八十年代来临之际，派果真造出了更优良的气球。

派设计的气球由各种精密复杂的机器组成，但是真正让我着迷的是这种气球的气囊材料。经由塑化和金属化处理之后，这种气囊材料会变得格外轻巧，且坚固依旧。这种处理方法不断获得改进，而派从未在公开场合谈及制作方法。考虑到他想用这种气囊尝试的事情，它确实需要具备这些特点——当时，派正在考虑和我一起驾乘气球穿越大西洋。

1986 年，派打电话给我。就在几天前，我刚获得了蓝带奖（the Blue Riband）。当时，我驾驶"维珍大西洋挑战者二号"——一艘结合了快速游艇和洲际导弹特点的船——打破了穿越大西洋的最快速度纪录。（虽然完成了这样的创举，我当时仍然不完全相信任何尝试都会成功。）

在和派进行共同飞行之前，我还需要拿到气球飞行员执照。于是我飞往西班牙去找罗宾·巴切勒（Robin Batchelor），请他做我的老师（他总是带着警惕而又恼怒的眼神）。从那天开始，我的脑海中形成了栩栩如生而又互相矛盾的两种印象。一开始，我感觉自己被飞行的魅力迷住了。我惊奇地发现，在不使用马达、不产生噪音的情况下，从地面缓缓上升是一种如此安宁自然的体验。能够逃离世俗生活的苛刻和愤怒，让风决定自己的去向，是多么令人心旷神怡的感觉啊！在穿越西班牙乡间的时候，我很容易便想到自己正接受风的引导，穿越时间和空间，去往历史中一个更祥和、更宽容的角落。

同时，我又感觉到极度的苦恼和不幸。为什么这个人老是朝我吼叫？我好像重新回到了学校！我到底为什么要忍受这一切？从十五岁起，我便开始自己做老板了，而我从那时的人生，就是致力于有生之年绝不再参加任何一场该死的考试。再来看看我现在的样子：除了身边的这位老师之外，我几乎孤立无援！他正朝我吼叫！而且天天如此！

我学习驾驶气球时，采取了跟学习其他东西时一样的方法，那就是：去实践。罗宾·巴切勒的授课引领我入门，而派在初始阶段对我密切关注。没有人敢说自己天生适合飞行，我也是通过学习才得以胜任这项运动。多数的气球驾驶员以及多数的飞行员要通过数年的反复操练，才能逐步掌握飞行的技巧。而我的情况有些不同。和派一起并肩飞行，我从持续数天的史诗般的旅程中获取了几乎所有的飞行经验。结果，我很快成为世界上最富经验的气球驾驶员之一。

我热爱气球运动，自己还收藏了一只热气球——虽然只是装有柳条筐的简易热气球。如果你想要完全逃离世俗的世界，那么这就是你所需要的一切。没有人能够困扰你。没有人能够阻碍你。你甚至无法让自己难过。一切并非由你掌控。你将自己的去向托付给空气，让风随它们的意志带你去往远方。我为了冲击世界纪录所作出的尝试，与其他的气球飞行相比，并没有更多的精心设计和预先规划。但是，在强烈的焦虑感影响下，在付出了巨大的努力之后，我还是从彻底的无力感中获取了极大的愉悦——彼时彼刻，人类确实是无能为力，注定只能随风漂泊。

今天，你能够信任我，让我带你一起向上，再向上，去向远方吗？你可能想要提醒我，先得跟交通管制部门进行沟通。（我也许穷毕生之力都无法记住从普通机场安全起飞所需的烦琐费时的程序。）除此之外，你很安全。那么，让我带你走一程吧。

我们正站在柳条筐里，牢固地停留在地面上。在我们头顶，漂浮着一个倒转的巨型泪珠状物体，由轻薄材质制成的，用坚固的绳子绑在柳条筐上。这就是我们所说的气球"气囊"。这个倒转的泪珠状气囊底部是开放的，我需要不时地点燃气球的加热装置——某种以丙烷为燃料的炉子。这个加热装置能够将热空气注入气囊，并且是飞行全程中唯一可控的装置。那么（随着准备阶段的时间不断流逝,你可能会问),我们要如何从地面起飞呢?

对于飞行的先驱们来说,他们利用所有能够找到或者制作出来的材料将气球捆绑起来,但是,如何起飞仍是个很大的难题。对于蒙戈尔费埃兄弟和让·皮埃尔·布兰卡德(Jean Pierre Blanchard)来说,他们无法获得干净安全的丙烷加热装置。哦,不!这些铤而走险的亡命之徒居然用干草、木头、火绒甚至旧鞋子来生火,以此将热空气注入气球!如果说用这样的方式将热空气注入早期的气球似乎颇为不雅——好吧,事实的确如此——那么,真正关键的问题在于,早期的气球驾驶者无法完全确定加热过的空气为何会让气球上升?也许是燃烧生成的浓烟让他们比空气更轻——按照这个设想,烟雾越多,飞行越安全!之后人们才意识到,燃烧产生的烟雾与气球上升完全无关——其实,是空气所具有的热量使热气球得以上升。

这就是原理。气体不断膨胀,扩展到全部可用的空间;随着它们不断膨胀,气体变得越来越稀薄。如果不是因为重力作用,我们呼吸的空气都会喷射到外太空。地心引力让空气稀薄地覆盖在接近地表的位置,这也就是我们所说的大气层。“气压”是指任何时刻我们身上的空气重量;我们所处的位置越高,那么气压就越少。在地平面上,我们受到空气很大的压力——身体上平均每平方厘米受到大约十五磅重的空气压力。

基本上,气球的类别分为两种:第一种是轻气式气球,在气囊中注入比周围空气更轻的气体(例如氦气或者氢气);第二种是热气式气球,在气囊中注入加热过的普通空气。和其他气体一样,空气会膨胀,并随着加热变得更加稀薄。随着气囊中的空气不断被受热,热气式气球会变得越来越轻。

不管气囊中的气体有多稀薄,你总会到达某个周围空气更稀薄的高度。在这个位置,你就会停止上升。如果想继续升高,唯一的办法就是减轻自重——也就是说,将气球里面的一些东西扔出去。这些东西(比如:沙袋、铅块或者不受欢迎的乘客)被称为“压舱物”。如果想要下降,你需要让气球(稍微地!)比周围空气更重。最简单的办法是给气球“排气”,即释放出部分空气或者其他气体。

基本上,这就是你目前需要了解的内容。现在,放开锚索吧——还没等你反应过来,你已经升到空中了。

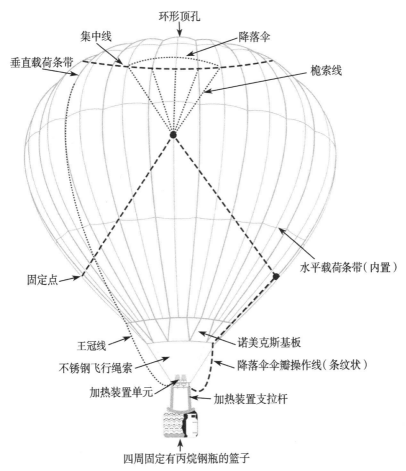

环形顶孔

集中线

降落伞

垂直载荷条带

桅索线

水平载荷条带（内置）

固定点

王冠线

诺美克斯基板

不锈钢飞行绳索

降落伞伞瓣操作线（条纹状）

加热装置单元

加热装置支拉杆

四周固定有丙烷钢瓶的篮子

向上，再向上，去向远方：一只现代的热气式气球，由唐·卡梅伦设计。

气球上升的过程非常缓和。由于整个飞行过程都与风的运动保持一致，因此我们甚至不会产生微风触碰皮肤的感觉，即便狂风大作，甚至在暴风雪时，同样如此。乘坐热气球时，你可能会在一小时内飞越数百英里的距离；如果你点燃火柴，你会发现火焰无法摇摆，更无法告知风向。如果有鸟儿飞过，你甚至可以听到翅膀振动的声音。在最初的上升阶段，你总体的印象是自己根本不像是在飞行——你会感觉好像是地球正逐渐远离你。

如果你闭上双眼，也许就不会注意到自己正在离开地面。十九世纪英国最著名的热气球驾驶者查尔斯·格林（Charles Green）就有过这种体验。格林原定于 1821 年在伦敦格林公园进行首次升空，作为乔治四世加冕庆典的一部分。到了热气球正式升空当天，不计其数的观光者将公园围得水泄不通，格林由于过度疲劳摔倒在地，只得吩咐助手设法让他呼吸到新鲜空气。于是，助手们解开绳子，将他抬升至离地面几英尺的地方——然后，气球就升上了天空。直到因为听见迅速缩小的人群的欢呼声而从篮筐一侧向下张望，格林才发现自己已经在飞行了。

从热气球的篮筐中，你确实可以感受到早期气球驾驶员脑中充斥的那种极度的兴奋感。那是人类在历史上首次有机会俯瞰世界原貌。整个世界仿佛一张地图般清晰地呈现在人们眼前。1858 年，摄影师纳达尔 [他的真实名字叫加斯帕—菲利克斯·图内肯（Gaspard – Félix Tournachon）] 在法国比埃伍尔山谷上方 258 英尺的空中飞行，并利用银板照相法——一种早期的摄影手法——拍下了热气球下方的地面景象，尽管这张相片因为热气球的震动而略显模糊。他这样写道："我们获得了鸟瞰世界的能力，从而弥补了想象力不足的缺憾。现在，我们将获知大自然原原本本的样子，让它们从银版上反射出来。"

当然，地球视图现在已经非常普遍。对于经历过冷战的人们来说，最能激发内心恐惧的事物莫过于从空中拍摄到的照片了：古巴导弹装置的航拍图、监视卫星拍下的照片、核武器伤害在空中形成的地图投影、氢弹实验的空瞰图片等。

对于我和我们这一代人来说，气球是一剂完美的解药。它帮助我们摆脱了冷战时期的恐怖妄想，重新感受到了奇迹的存在，就像普克勒尔·姆斯考王子（Prince Pückler – Muskau）在 1817 年驾驶热气球飞越柏林时曾经感受到的那样。他说："再丰富的想象力也无法和我们眼前所展现的恢弘壮阔

NADAR, elevant la Photographie à la hauteur de l'Art

"将摄影抬升至艺术的高度":1862 年纳达尔漫画像

的景色相媲美，我们对此欣喜若狂：芸芸众生、楼台屋舍、广场街道、高塔高楼不断缩小，原本震耳欲聋的吵闹声和骚动声变成了轻微的嗡嗡声，最终化为一片死寂。"

有时候，人们会期待从热气球的高度观察地球的优美弧度。这是不可能实现的：乘坐热气球通常所能够到达的高度完全达不到这种要求。很少有人抱怨。他们忙着沉迷于另一个奇怪而又美丽的视错觉了：地球并没有从各个边缘逐渐远离，反而像是正在向上弯曲。随着气球的不断升高，我们仿佛置身于一个巨大的碗状物之中。

在飞机上，这种视错觉通常比较微弱，因此很难被人察觉。其实，它是光衍射的结果——这种现象还会导致铅笔在水中表现出弯曲的错觉。随着我们不断升高，空气愈发稀薄，而我们正透过逐步增厚的空气观察地面。对我们来说，所有的事物看起来都在向我们弯曲，仿佛地球像杯子一样装着我们似的。

很少有热气球的新手驾驶员能够期待一睹外太空的风采，但是，升高很短一段时间之后，天空就真的会开始变暗。那个时刻如此动人的原因，我不知道应该如何解释，但是我绝非唯一看到此情此景而喉头哽咽的人。十九世纪的飞行专家蒙克·梅森（Monck Mason）擅于言辞，他曾热情洋溢地写出了气球驾驶员是怎样"获得了……触及并超越浩瀚宇宙、万丈深渊的明确无误的途径；我可以肯定地说，如果气球驾驶员们能够继续旅程，直至大气层的最外围边缘，那么他们一定能够看见无法穿透的黑暗深渊，所有可见的光源在那里都好似一团固体火焰"。

飞得越高，空气会以难以置信的速度变得更加稀薄。到了海平面以上九千英尺的高度之后，我们就会产生初步的高原反应。持续性的头痛？那是因为低气压的缘故，你可以试着按压太阳穴来缓解头痛现象。这个高度的空气对于普通人来说过于稀薄了。居住在这个海拔的人们——喜马拉雅山区的夏尔巴人，以及安第斯山脉中偏远山村的乡民——通过世代繁衍生息，逐渐掌握了令人艳羡的生存能力，靠着低于正常水平的氧气亦可存活下来。

让我们往上再升高九千英尺。我们仍旧未到达世界的第一高峰——珠穆朗玛峰——三分之二的高度，但是我们已经把其他人类全部甩在身后了。这个海拔高度的地区荒无人烟，因为人类的肺部无法适应这里的气候条件。

现在,让我们升至珠穆朗玛峰顶部的高度:29035 英尺。如果突然暴露在这种气候条件之下,没有经受过训练的人会在六分钟内陷入昏迷。就算有氧气供应,这种低气压(大约是地面气压的三分之一)也会导致血液被吸入肺部。

当气球驾驶员开始挑战致命的高度时,气球已经问世大约有二十个年头了。1803 年,艾蒂安·罗伯森(Étienne Robertson)在到达 23536 英尺后开始感觉窒息。一年之后,弗朗西斯科·赞巴卡利伯爵(Count Francesco Zambeccari)和其他两位乘客在亚得里亚海上被卷入一股上升气流。"我们无法听见彼此的声音——即便我们已经声嘶力竭。我感觉恶心呕吐;格拉塞地(Grassetti)鼻子出血。我们的呼吸短促沉重,胸口感觉被压住了。"

1862 年,为了研究高海拔的危险,气象学家詹姆斯·葛莱舍博士(Dr. James Glaisher)和著名的气球驾驶员亨利·特莱西·考克斯韦尔(Henry Tracey Coxwell)在英国科学促进学会(British Association for the Advancement of Science)的资助下,展开了高层大气的调研工作。他们穿着休闲服,冒雨前往罗弗汉普顿(Wolverhampton),没带任何帽子或手套。

在一万五千英尺的高度,气温降至零下八摄氏度,葛莱舍的仪器设备以及气球气囊周围纷纷开始结冰。到了两万五千英尺后,气温已经降至零下二十一摄氏度,他们的手脚嘴唇转为青紫色,眼睛更是诡异地向外突出,尽管如此,葛莱舍毅然决然地继续试验。他一路带着鸽子,用来观察鸽子能否适应高海拔条件。每隔一段时间,他就放出一只鸽子。鸽子如同石头一样垂直坠下。到达两万八千英尺后,考克斯韦尔突然发现自己已经无法再抓住给气囊放气的细绳了。他抓住了气球底部的铁制环线,想要稳住身子,结果把自己的手和金属冻在了一起。

葛莱舍剧烈抽搐,然后陷入昏迷。而考克斯韦尔则不断呕吐,勉强依靠铁制环线站立起来,用牙齿咬住了绳索。最终,他费力地咬断了绳索,也为此失去了一颗牙齿。

考克斯韦尔和葛莱舍最终升到了三万五千英尺的高度。着陆时,他们撞向了地面,但都幸免于难。

再高一些。在三万九千英尺的高度,我们仍能呼吸的唯一原因,就在于我带上了几罐百分之百的纯氧。

让我们继续升高。这时我们需要戴上氧气面具了。面具必须与我们的面部紧密贴合,紧密到每呼出一口气都会感觉异常费力。也许,我们肺部的空气此时更倾向于从泪腺喷出来。我们的眼睛不断流泪,感觉很痛。我们得尽快穿上这件加压背心。基本上,这是一件里衬为可充气气囊的沉重上衣,它将使呼吸变得更加顺畅。但是,我们体内的血液此时开始向四肢奔涌了。

现在是时候穿上重力防护服了。这些重力防护服配有适用于肚子、大腿和小腿部位的可充气气囊袋。感觉好些了吗? 充分利用它吧。这些设备专为紧急情况而设计。如果你的军用飞机驾驶舱突然减压,这件防护服可以为你赢得几分钟的宝贵时间,好将飞机降至三万八千英尺。在两分钟内,我们将会陷入昏厥,体内的血液会挤压着冲破静脉,进入周边组织,随后不断扩展,填充到体内各个没有增压的部位。

我们无法进入外太空,因为支撑气球漂浮的物质很快就会不复存在。很难说我们能够到达的海拔高度具体是多少,而且,弄清楚地球大气层和宇宙空间的界限毫无意义。匈牙利裔美国工程师西奥多·冯·卡曼(Theodore von Kármán)在 62.1 英里处(超过 327000 英尺)划定了界限。他认为,在这个高度上,空气非常稀薄,飞机必须保持某个速度才能保证机翼正常运行,假若低于这个速度,你会把自己甩入绕地运行轨道。

我们已经到达了卡曼划线的三分之一处——113700 英尺是人类有史以来驾驶气球所能到达的最高海拔。当然,马尔科姆·罗斯中校(Commander Malcolm Ross)和小维克多·普拉瑟少校(Lieutenant Commander Victor Prather, Jr)曾经在 1961 年驾驶一艘太空船样船进行飞行。我还没有带领大家领略过那种极致的体验。

就我们的身体而言,我们已经处于宇宙空间之中。我们的唾液开始冒泡,皮肤上出现了肿胀点,腹部膨胀,眼睛向外突出。然后——好消息来了!我们不会爆炸的! 至少,这种情形从未发生过。即便没有飞行防护服来遏制这种倾向,我们的皮肤也足够坚韧,不会四分五裂。我们的身体只会膨胀到正常体型的两倍,同时,体内的水分不断蒸腾,最后变成气体。

我们还是要往好处想(毕竟我们只是在设想而已)。科幻大师亚瑟·C.克拉克笔下的《2001:太空漫游》(A Space Odyssey, 2001)早已登上大银幕。在电影中,宇航员鲍曼从太空车跃入气密舱时,未着任何防护服装,暴露于真空的太空环境中时间长达十秒。在现实中(我们从工业真空室中发生的数次惨烈事故中得知),我们很清楚,鲍曼在陷入昏厥前只有大约十五秒的时间。在那之后,救援人员只有一分半钟时间来抢救他。

你就这样气馁了? 反正我是如此! 我们应该开始降落了。

孩童时期，我曾经无数次憧憬着自己能在天空自由飞行。我知道，要想实现我的梦想并不容易。首先，我对机械并不擅长。我有诵读障碍，还常常搞混左右。（我并不是唯一分不清左右的人：高山救援人员发现，最常见的导航误差就是180度误差。人们常常会朝着完全相反的方向前进！）但是，我具备了工程人员的直觉。我经常为事物如何运作、设计如何完成，以及如何采取其他方法实现目标而着迷。

二十世纪八十年代，如果你和我一样沉迷于飞行技术、新材料和工程学疯狂的新想法，你肯定听说过派·林斯川的名字。派告诉我，之前打破世界纪录的气球飞行到了大约六千或者七千英尺，驾驶员需要不断与变化莫测的狂风搏斗，忍受刺骨的寒雾，途中时常伴有雷电侵袭。派想要驾驶气球到达一个能摆脱这种天气的高度，进入急流，这是一种高速、干燥的空气所形成的气流，通常具有持续性且可预测的运行轨迹，这样我们就能以一百三十英里的时速飞越大西洋。

他解释说，环绕地球运动的急流特别习惯于在各大洋之间飞速穿行——这对于挑战纪录的人来说绝对有利——而他为自己的气球气囊选用的那种奇特材质，是唯一能够承受进入急流中心时产生的压力的特殊材料。

我问派有没有孩子。他肯定地回答："有，我有两个孩子。"这一点让我信心倍增。那时我就知道，无论我们将要面临多么严峻的挑战，我都可以确信这并非愚蠢轻率的主意。派的人生中有太多值得他活下去的东西。（我知道这听上去有些悲壮煽情，但是，想想他提议要干的事情——你不会希望在三万八千英尺的洋面上空发现自己的副驾驶员一心求死。）

我一向坚信，生命只有一次；如果你想要让自己的生命充满意义，那就不应该让自己有停下来的时间。因此，我接受了派的提议。我年近三十五岁，还足够年轻，可以去尝试一些疯狂的事情；但又足够年长，懂得这是年轻人的游戏，因而没办法推迟到以后来完成。（史蒂夫·福赛特随后推翻了我的论断，他在五十五六岁的时候成为一名冒险家。）我也知道，这是一个值得充分利用的计划。我可以通过气球飞行进行宣传，在美国大力推销维珍大西洋号。当时，我们的航空公司只成立了几年时间。按照行业标准来看，我们只是一家不起眼的小企业，没有雄厚的资金可供挥霍——更没有足够的金钱为昂贵的美国市场营销策略埋单，尽管我们迫切需要进行这种营销。

和派一起进行急流飞行，能够有力地传达出维珍大西洋航空的创新和冒险精神，这比单纯的广告宣传要高明得多。

我本来是记者出身，因此我非常清楚：获得免费报道是一回事；做到所言不虚、货真价实又是另一回事。这个计划结合了勇气、希望和惊喜等多种因素，而这些因素对品牌塑造无疑大有裨益。最妙的是，这将是一个真实的故事。派的提议是展开一场真正的冒险之旅，试图以意料之外的方法，使用全新材料来实现之前认为不可能实现的目标。另外，我认为这还是一次尝试新运动的机会，也是我获取飞行员执照之路上的重要一步——再说，还有什么事情能比乘坐气球更加安宁、更加壮美呢？

当然，我当时并不知道之前尝试过类似穿越飞行的队伍只有六支；我也不知道其中的五支在挑战过程中全军覆没。我更没有意识到，派不仅是他那一代人中最勇往直前、最富有创新精神的气球设计师，同时也是其中最贵的一位！（我和派因为制造费用而产生争执的次数，要远远多于我在维珍航空董事会上与人争执的次数。派曾建议在气囊内部镀上一层金子。他会使用"反射率"这类专业词汇；而我通常使用"不行"这个词回应。）总而言之，我不知道——甚至是完全搞不清楚——我到底让自己陷入了何种境地。我真应该事先多读些气球运动的历史。

1987 年 7 月 3 日，周五，下午两点半。派·林斯川和我抵达了爱尔兰海岸，成为世界上首次驾驶热气球飞越大西洋的团队。[你可以在我的自传《失去童贞》（*Losing My Virginity*）这本书中找到我们这次冒险的完整故事。)]此次飞行的开端并不顺利——两个装满丙烷的储罐从舱体掉落，导致热气球迅速上升！不过，整趟旅程堪称惊心动魄，恢宏壮丽，尽管时长只有二十九小时——远远低于预期时长。风向对我们极为有利，等我们抵达爱尔兰时，气球上仍然挂着三个原封未动的丙烷储罐。

我们快要到家了。一旦投弃了多余的燃料，我们就可以自由着陆。等到达小村庄利马瓦迪的外围，派将气球降到了很低的高度。正当我们准备倾泻燃料时，一阵狂风突然向我们袭来，将我们拉至地面。顷刻间，情况失去了控制。我们的无线电天线遭到损坏，所有的外部燃料罐都被扯掉了，气球由于失去负重而再次升空。

我们的气球现在处于半充气状态——而且气球抬升的高度愈高，气囊中的气体就会冷却得愈快。我们随时都会失去空气浮力的支持，然后掉回地面。当时舱内还剩下一小罐备用燃料。派迅速将其连上了加热装置。我们还有机会。

然后——我们不行了。

如果想要让热气球降至一定高度，你只需要放出一定量的气体即可。气囊内部有一根绳索垂下，只要扯动这根绳索就能够打开气囊顶部的通风口。我们上升的压力已使气囊变得平坦，也降低了绳索。

"绳索缠住了。"派大声吼叫着。由于绳索被不知什么东西勾住，导致整个气球开始呈螺旋状旋转，气囊开口随之关闭。这样一来，我们就无法对气囊内部的气体进行加热了。

我打开舱口，爬到舱体顶部，开始用小刀猛砍绳索。绳子一断，整个气球开始猛然回转，气囊开口也因此打开。派命令我进入舱内，然后点燃了燃烧装置。气球开始全速前进。

我们距离地面只有三百英尺的距离了。派决定朝着海滩方向着陆。由于我们无法完全掌控气球的走向，因此着陆地点不能有任何树木、房屋或者电缆线。我背上了降落伞，等我们看到海岸线逐渐靠近时，派从气球顶部通风口释放出了热空气，以降低气球高度。

强风再次袭来，还没等我们弄明白发生了什么，就已经被风刮向了大海。洋面上迷雾重重。一时间，周围能见度极低。然后，海浪开始映入眼帘，不断翻滚着，咆哮着——我们飞得太快了。

我们撞击了海面。气球拖拽着划过海平面，我们随着一波又一波的浪花不断地上下颠簸。派和我撞在了一块儿。在我拼命挣扎时，派借着风力抓住了红色操纵杆，它现在是我们唯一的希望。爆炸螺栓应该能够割断连接气球和舱体的绳索。

但是，什么都没有发生。派将操纵杆上下猛拉，而爆炸螺栓并没有被引爆。

"逃出去！"派朝我大喊。"理查德，我们得逃出去。"

派用身体撞击舱口，将其推开。他站起身爬了出去。我紧随其后。我们紧紧抓住钢丝索，准备跳进海里——这时候又一阵风吹来。

气球又一次上升。派跳入了海里，而我没能来得及跳下。

我曾经得到过这种警告。我的同事威尔·怀特霍恩（Will Whitehorn），维珍银河公司的现任董事长，在职业生涯的初期曾经从事过空中救护和海洋救护，几乎跑遍了北海所有的石油平台。那时，他尚未供职于维珍公司，但是我已经多次给他打电话，向他请教飞行所需的各种安全规程。有一次，

派·林斯川和我正在考察"维珍大西洋挑战者号"的舱内情况。

我们在聊天时不经意地偏离了话题。威尔当时向我坦言："你知道的,最不可思议的一点在于,从来没有人肯放手。"他向我讲起他早期接受的训练课程。在空海救护中他学到的第一件事情就是,如果某物让你脱离地面,那么你必须抵制住死抱不放的冲动。"也许是猿猴阶段遗留的本性使然,你的脑中会突然闪过留在树上比留在地面更安全的念头,然后,你就会发现自己在不断升高。"

多年来,这种死抱不放的冲动让成百上千人丧生。不管你经受过多么严酷的训练,也不管你的经验有多么丰富,你都无法完全摆脱这种习惯。1983 年,因为死抱住一根完全不应该抱住的绳索不放手,派从三十英尺的高度摔落在地,导致肩膀脱臼。既然连派这种权威专家都会为这种危险的冲动所蛊惑,那么,显而易见,没什么人可以幸免于此。他跳下了"挑战者号",而我留了下来。

派的体格像灰熊一样壮硕,他跳下去后气球重量猛然减轻了大约两百磅。于是,气球再一次,也是最后一次地升上了天空。我只得眼睁睁地看着海面与我渐行渐远;几秒过后,浓雾再次笼罩了周围的一切。

我可以说已经生还无望了。

我孤身一人操控着热气球,恐慌感不断蔓延。我心想,如果能够降到八千英尺,那么我就可以穿上降落伞跳下舱体。然后我又联想到,如果和舱体一同下落,那么被人发现的概率就会大大增加。况且,我的跳伞技巧并非万无一失。**上一次跳伞训练时,我拉错了绳索,反而丢弃了降落伞,**最后是在我周围的跳伞运动员们帮助之下,才启动了备用降落伞。(事后,他们给我颁发了年度沃利奖。我面带微笑领了奖,至今仍为自己的劫后余生而感恩。)

不行!最好要和舱体待在一起,尽可能缓慢地降低高度,并在最后的关键时刻跳下去。现在回想那个时刻,我发现这是我做过的最为明智的抉择之一。当然,我很幸运——等我穿破云层底部时,立即看到了脚下灰色的海面,而且,我竟然还看到了一架英国皇家空军的救援直升机!

我继续等待着,直到距离海面很近时才拉下救生衣上的开伞锁。坠入海中后,我感觉像是跳入了一堆刀尖之中,海水真是冰冷刺骨。救生衣帮我浮上水面,并保持身体平稳。我转过头去观察气球。由于失去了我的体重,气球又一次如同一艘巨大的宇宙飞船一般冲上天空,消失在云层中。

不可思议的是,派也幸免于难。尽管没有穿救生衣,派还是在入水两小时后被一艘小艇救上了岸。被空运到我所在的船只上时，派脸色惨白，冻得牙齿直打颤。

我一直回想着最终获救的时刻，也一直回想着在我们之前的先驱们，那些与死神如此接近的先驱们。我想起让·皮埃尔·布兰卡德，他是第一个飞越英吉利海峡的人，为了阻止气球下降，他手忙脚乱地把自己的裤子扔下海去。我想起了史上最大的气球"巨人号"（*Le Géant*）上面的乘客们，他们紧紧抓住舱内的家具，努力求生；气球舱体过大过重，在强行着陆时撞倒了许多树木。

回顾这些故事时，我注意到了一些令人不安的真相：冒险的时间越早，故事的情节就会越发显得卡通化。随着时间的流逝，许多冒险的真相已被历史的洪流淹没。这些事件中夹杂的恐惧慌乱都已被过滤和净化，徒留荒诞不经的记忆残片。那么，会不会有一天，我们在大西洋绝地求生的冒险，也会变得跟布兰卡德的故事一样，仅仅显得离奇而有趣呢？或者，纯属逗乐的段子？这是很有可能的事。

这就是我对飞行的历史持有怀疑态度的原因。我们总是无法相信先驱们会为了一些现在看来注定失败的计划而义无反顾，前仆后继。另外，历史上记载了很多世界各地从山顶、尖塔和钟楼等处出发的离奇飞行。毫无疑问，这些故事都经过了艺术加工，然而，记录下来的故事数量庞大，导致我们无法对此视若无睹。远在蒙戈尔费埃兄弟建造第一只气球之前，人们就已经大义凛然，几乎是不惜一切代价地开始追寻他们的飞行梦想了。

秘鲁古老的"纳斯卡线条"（Nazca lines）必须在空中观察方有意义——
那么，它们存在的目的究竟何在？

第二章

比空气更轻

秘鲁广袤贫瘠的平原上，数百条长而直的线条纵横交错。这大约是一千五百年前先民的杰作。从陆地上看，纳斯卡线条完全无法理解；从空中看，这可以称得上是一场世界上最令人惊叹、最令人魂牵梦萦的艺术展览——一场巨型几何符号和巨幅鸟兽图画的超现实主义展览。

1937年，一个名为吉姆·伍德曼（Jim Woodman）的美国人前来参观这处遗迹。伍德曼有自己的理论。Quecha——在纳斯卡地区使用的一门语言——有一个表示"气球制造者"的词汇。该地区出土的陶片上画有类似气球的图案。在危地马拉的村庄里，人们举行的仪式中包括了建造和放飞充满浓烟的小型气球的环节。在南美洲，气球已经出现很长时间。它们的尺寸是否足以载人？它们是否足够巨大，容易操控，使得纳斯卡地区的人们有能力在空中描绘出无与伦比的艺术作品？

归根结底，这涉及材料的问题。蒙戈尔费埃兄弟能够完成前辈们未竟的事业，是因为他们本身从事造纸业，有条件获取质量上乘的纸张、线绳和涂料。纳斯卡地区的印第安人有没有什么引以为傲的算得上是密封性上佳的材料呢？

在深入调研的过程，吉姆·伍德曼来到了一个名为卡胡阿支（Cahuachi）的村庄，距离纳斯卡不太远。在那里，过世的先民们被包在裹尸布中，有些已有一千五百年的历史——而且，裹尸布越久远，编制手法越精巧！1975年，位于迈阿密的国际探险家协会（International Explorers' Society）成员仅仅依靠传统工具,用的的喀喀湖里的芦苇编织出了一艘吊船,并利用与当地古代先民裹尸布类似的材质,制作出一只巨型的四面体气球——"神鹰一号"(Condor One)。1975 年春天的一个晴朗早晨,"神鹰一号"准备好要出发了。

为了驾驭这个庞然大物,吉姆·伍德曼决定与英国人朱利安·诺特(Julian Nott)合作,后者是一名专业气球驾驶员,曾经囊括了七十九项气球运动的世界纪录和九十六项英国飞行纪录。问题在于,诺特和伍德曼的身高都超过六英尺,他们必须两腿叉开才能进入吊船,而无法安稳舒适地落座。两人都没有装备降落伞。他们使用焦油生火,将热烫的浓烟注入气囊,然后放开安全线,气球便以每秒十八英尺的速度向上攀升。"神鹰一号"在纳斯卡平原升到了三百八十英尺,然后在空中飞行了一分半钟。

在这之后,朱利安·诺特对自己在这次试验中发挥的作用表现得十分谦逊,但他的纪录仍然非常鼓舞人心:

尽管我并没有找到任何证据来证明纳斯卡文明曾经有过飞行事件,但毫无疑问的是,他们有这个能力。同样的情形也可能发生在埃及文明、罗马文明、维京文明甚至其他任何文明当中。只要有了织布机和火,你就能够飞行!这也引发了一系列关于科学发展进程的有趣问题,尤其是关于理智上是否敢于飞行、是否敢于入侵天使领域的问题。

蒙戈尔费埃家的六个孩子当中,约瑟夫—米歇尔(Joseph – Michel)和雅克—艾蒂安(Jacques – Étienne)看起来本不太可能成为商业伙伴。约瑟夫是个标新立异的梦想家,对商业运作缺乏热情;而艾蒂安严谨务实,衣冠楚楚,有责任感,甚至有些无趣呆板。

1777 年的一天晚上,约瑟夫看着湿衣服被火烘干,这时他注意到衣物下面出现了囊状鼓起。第二天(无论如何,故事就是这么说的),他开始用非常薄的木片制作盒子,用塔夫绸(taffeta)覆盖盒子的两侧和顶部,并在盒子底部点燃了一些弄皱的纸张。随后,这个精妙的装置竟然脱离底座升空,最后撞上了天花板。

他写信给艾蒂安说:"尽快储备足够多的塔夫绸和绳索,你将会看到世界上最令人震惊的景象之一。"

从烘干衣物到制造气球并不是很大的思维跨越。从十四世纪,蒙戈尔费埃家族就已经开始涉足造纸业,而且约瑟夫和艾蒂安也深谙此道。他们很清楚纸张和织物生产的发展情况。他们具有丰富的关于新面料、树脂和涂层的应用知识。他们还有将近一世纪之久的航空设计和实验可供借鉴学习——这些项目大多是在法国和意大利进行的,它们都在逐步实现气球载人飞行的目标。

也许在约瑟夫观察上下翻飞的衣物时突然想到:经历了一个世纪的等待之后,载人飞行所需要的材料终于被找到了。不管是用丝绸还是纸张作为气囊的材料,都能够实现轻巧、坚固和相对防漏的目标。曾经作为玩具的气球,如今可以按比例放大。

就是现在!兄弟俩制造的第一只(不载人)气球过于轻巧,以至于在首次试飞时失去了控制。第二只气球重约四分之一吨,于1783年6月4日放飞。浓烟被注入气球,但是福尔让斯·马里恩(Fulgence Marion)在1874年写道:"整个气球看起来就像是一只用纸做里衬的布套,简直就是一只三十五英尺高的麻布袋。"[众所周知,"福尔让斯·马里恩"是法国著名天文学家和唯心论者尼古拉斯·卡米尔·弗拉马利翁(Nicolas Camille Flammarion)的一个毫不晦涩的假名。弗拉马利翁对早期的飞行历史进行过简短的总结归纳,结果大受欢迎。他的作品为许多作家提供了想象力的肥沃土壤,从马克·吐温到埃德加·赖斯·巴勒斯,概莫能外。]

然而,随着气球不断膨胀,蒙戈尔费埃兄弟的气球"在众目睽睽之下逐渐变大,看起来坚不可摧,以优美的姿态向四周舒展开来,并试图逃脱地面的束缚。同时,有数根坚固的绳子将气球固定在地面上,直到放飞信号发出之后才松开。挣脱束缚后,气球在十分钟之内飙升至一千英寻的高度"。

看到气球飞越了两千千米,同时也升到差不多两千千米的高度,围观的官员当即将消息传送至巴黎。

同时,在这些不载人气球放飞活动所造成的轰动之中,在载人飞行看起来不过几个星期之内就能实现的时候,法国物理学家路易斯·塞巴斯蒂安·雷诺曼(Louis – Sébastien Lenormand)正试图解决一个迥然不同但又紧密相关的问题:假设你正在空中飞行,你准备如何着陆呢?

现代跳伞的历史几乎和现代气球运动的历史一样长,原因显而易见。气球不会自己"着陆",它们只会坠落。在气球运动这项艺术中,有很大一部分技巧在于如何让坠落变得尽可能轻柔,这样你就可以自欺欺人地称之为降落。无论如何,你根本无法精确地掌控这个过程。因此,设计出可靠的逃生工具就非常必要了。在让载人气球离开地面之前,还有很多工作要完成。

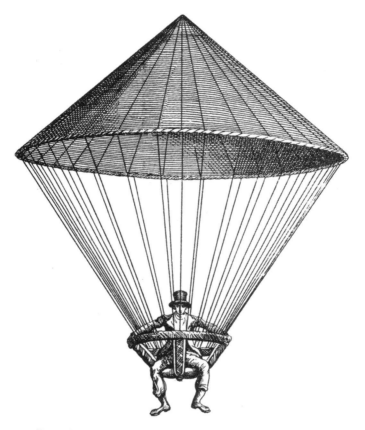

FIG. 62. — Parachute de Sébastien Lenormand
(décembre 1783).

雷诺曼坚固的降落伞：为气球运动先驱们设计的、
具有光明前景的安全装置。

雷诺曼的第一次试验并非是为了赢得任何科学奖项。他手握两把雨伞，从树上跳了下来。这一跳并没有让雷诺曼摔死，于是他继续制作一个拥有坚固木质结构的十四英尺的降落伞。1783年12月26日，他从蒙彼利埃天文台上跳下来，最后安全着陆。欢呼的人群中就有约瑟夫·蒙戈尔费埃，这位气球运动的先驱当时亲自前来评估这个有趣的安全设备！

抵达巴黎后，蒙戈尔费埃兄弟开始准备下一次不载人气球的公开演示。他们和墙纸制造商让—巴蒂斯特·哈维恩（Jean–Baptiste Réveillon）合作，用防火塔夫绸制作气囊，并让气球搭载三只动物升空：分别是一只羊、一只鸭子和一只公鸡。（羊被认为拥有与人类似的生理结构；鸭子不像是会受到海拔高度影响的样子，如果鸭子受到了伤害，那么只可能是因为气球飞行本身具有危险性；公鸡作为居住在地面的鸟类，它的加入是出于加强控制的考量。）

九月十九日，凡尔赛宫前聚集了大批民众，其中还包括皇后玛丽·安托瓦内特和国王路易十六（他不明白为什么要送动物上天，倒是曾想让死刑犯代替动物上天）。飞行取得了圆满成功，气球到达了大约一千五百英尺的海拔高度后，飞越了两英里的距离，最后安全着陆。

在凡尔赛宫门前的飞行演示大获成功之后，又发生了一系列有绳束缚的载人飞行。到十月末，共有三名乘客搭载气球升上了九十九米高的空中，他们是物理兼化学老师让—弗朗索瓦·比拉多·德·罗齐耶（Jean–François Pilâtre de Rozier）、墙纸巨头让—巴蒂斯特·哈维恩，以及另一位来自马德里的墙纸制造商吉罗德·德·维莱特（Giroud de Villette）。

现在，艾蒂安开始制造一个真正的庞然大物——接近两立方千米大小、上了色、镀了金并饰有彩带——用来运载乘客进行无束缚的升空飞行。就在兄弟俩为首次无拴绳载人飞行做准备的时候，强大的竞争对手在他们后面紧追不舍。他是一个名叫杰克斯·查尔斯（Jacques Charles）的公务员，受到美国发明家和政治家本杰明·富兰克林著作的启发，放弃了本职工作，并开始科学探索。

查尔斯并不是平庸之辈。他采取完全不同的方法让气球升空。他不是将热空气注入气囊，而是计划注入一种稀少昂贵的气体。氢气这种重量只有空气十六分之一的气体，是在七年前由英国科学家亨利·卡文迪什发现的。查尔斯是他巴黎巡回演示的忠实拥趸。他以将氢气注入肥皂泡为乐，他看着它们上升，再用火柴去戳它们，造成一些小爆炸。这种演示的重要意义在于：查尔斯相信，在未来，人们将会借助氢气飞上天空——而他热切期待着成为首位乘客。他的首要任务就是制作出一个能够在任意时长内保存氢气的气囊。蒙戈尔费埃兄弟设计的喷漆塔夫绸气球并不能做到完全封闭，像氢气这种轻量气体会比一般空气泄漏得更快，这样一来，就不可能正常飞行。如果你曾经在儿童派对上为普通气球充过氦气，那么你可能会注意到这些气球在数小时后就变小皱缩。这是因为氦气分子比空子分子更轻，因此更容易穿透橡胶。而氢气分子比氦气分子还要轻。

查尔斯决定向安尼—让·罗伯特和马力—诺埃尔·罗伯特（Anne - Jean and Marie – Noël Robert）兄弟寻求帮助，他们已经发现了用天然橡胶包裹织物的方法。就在蒙戈尔费埃兄弟载人气球旅行的前几个月，查尔斯和他的助手们用具有橡胶涂层的塔夫绸制作出了一只直径十二英尺的气球，并在气囊中注入氢气。接下来是最困难的部分。氢气的制取非常昂贵，为此他们在巴黎举办了一场公开募捐活动，帮助团队筹集经费，支付了所需的价值 1125 英镑的铁料和价值 560 英镑的硫酸——这些材料能够为气球充气，而气球可承受不到二十二磅的载重。整个充气过程耗费了四个小时！

1783 年 8 月 26 日，也就是起飞的前一天，早晨，工作人员将气球从罗伯特兄弟的工作室搬运出来，放在货车上，"四周挤满了热切期盼的人群"，因此"骑马和步行的夜班巡逻人员被派往守卫通往起飞地点的街道，但是他们无法阻止蜂拥而至、争相观看起飞的群众"。马里恩的记录让我们感受到了当时的场景："一小队先锋举着点燃的火把，走在队伍最前方；周围环绕着特别随从，骑马或是步行的夜班巡逻小队紧随其后。前进的队伍盛况空前，又步步为营。队伍的庞大规模和整齐队形，加上笼罩一切的静寂，以及过早的时间，这一切都为行动笼罩了一层神秘的色彩。"

军队驻扎在战神广场（Champ de Mars）。随着时间慢慢流逝：

汹涌的人潮挤满了广场上的空地，人们纷纷争抢着有利位置，以便观看。到了五点，大炮轰鸣，向普通公众以及站在高处准备观看的科学家们宣告伟大时刻的来临。绳索被收回，然后就是集结的人群最乐意看到的场面了。气球飞速上升，在两分钟内升高了 488 英寻（超过 890 米）。到了这个高度之后，气球消失了一会儿，又重新出现。随后，气球继续上升，直到完全消失在观众的视野当中。

这个故事原本应该圆满结束，可惜团队犯了个关键性错误：他们将气球底部密封了起来。

他们的设想是，如果没有把气球的底部密封起来，那么昂贵的氢气肯定会泄漏出去。但是，正因为氢气比空气要轻得多，所以这种情况是不会发生的。查尔斯和罗伯特兄弟将气囊完全封闭，实际上就为他们所设计的气球首航设定了一个惊人的惨烈结局。气球升得越高，周围空气产生的压力越小，这种压力的减少导致气球内部的气体开始膨胀。如果气球底部保持畅通，那么快速膨胀的气体很容易就可以从底部漏出。而现在气球底部封闭，于是气囊不断扩张，再扩张……

实际上，气球几乎在未被人察觉的情况下飞越了法国的乡间。因此，等到气球在人们头顶猛烈爆炸的时候，"许多农民都被这个无法用语言形容的奇形怪状物体的模样和声响吓了一跳。"当地的几个僧侣迅速赶往事发地点，结果雪上加霜。他们告诉那些惊慌失措、正在收集残片的人群，这个东西是怪物的毛皮。听到这种说法后，"他们马上开始用石头猛烈袭击、用鞭子抽打、用叉子刺戳这个所谓的怪物……最后，他们把气囊系在马尾巴上，拖拽着它穿过了田地。"

国王一直在密切关注查尔斯的实验，于是迅速发布公告，向公众解释实验过程。公告开头是这样写的——"警告那些劫持热气球的人"。

1783 年 11 月 21 日，身穿蓝色丝绒套装、头戴羽毛帽的比拉多·德·罗齐耶，以及身为德阿兰德侯爵（Marquis d'Arlandes）的军人弗朗索瓦·洛朗（François Laurent）成为史上首批未拴绳气球的飞行员。他们所驾驶的是一只艾蒂安·蒙戈尔费埃建造的热气球——蒙戈尔费埃兄弟最终如愿以偿地赢得了制造第一艘载人飞行器的比赛。

场面相当壮观。气球的上部绣有法国王室纹章和黄道十二宫图样；中部的设计融合了皇帝姓名首字母的组合图案与太阳图案；最下面的部分布满了各种面具、花环和展翅雄鹰的图式。一个用柳条制成并用布帘等加以装饰的环形走廊就悬挂在气球底部。

当时，大多数气球都使用直接垂吊在气球开口底部的吊船或者篮筐运载乘客。然而，罗齐耶和德阿兰德拥有更多的行动空间。他们环绕气球开口处的环形走廊足有三英尺宽，外部受到三英尺高的扶手的保护。在走廊下面、直接位于气球开口底部的位置悬挂着一个铁格子。气球通过地面火堆燃烧产生的烟雾进行充气。铁格子被火焰加热，这样升上天空后，它就能点燃任何掉落进去的燃料。只要不断向铁格子上扔掷干草和木头，就可以

GENERAL ALARM of the INHABITANTS of GONESSE, occasioned by the FALL of the AIR BALLOON of Mr. MONTGOLFIER

新事物引发的震惊：惊慌失措的农民将世界上首只氢气球撕成碎片。

让气球维持漂浮状态。无论如何,这个气球的工作原理便是如此。

"我很惊讶,围观人群在看到我们的起飞后并没有表现得欢呼雀跃。"德阿兰德事后写道,"我还在张望。这时罗齐耶对我大喊道,'你这么做无济于事,气球已经不再上升了。'"

"'你说什么?'我一边问,一边把一捆干草放在火上,并轻轻打散。"

尽管罗齐耶又尝试了几次,却仍然无法让德阿兰德集中精力。就在这位侯爵着迷似地背诵着身下莱茵河弯曲处的名称(帕西、圣日耳曼、圣丹尼斯、塞夫勒)时,罗齐耶厉声说:"如果你用这种方式观赏莱茵河,那么你很快就能进去洗个澡了。快加火吧,我的朋友,快加火!"

二十五分钟后,他们的气球在城墙之外的众多风车中间着陆了。

蒙戈尔费埃家族取得了最终的胜利,他们在起飞时间上击败了查尔斯的团队——但这仅仅是险胜。就在罗齐耶和德阿兰德完成首次载人飞行后的十天,查尔斯和马力—诺埃尔·罗伯特用名为"查尔斯号"的氢气球升至约一千八百英尺(合五百五十米)的高空,"它绚丽的翠绿色在阳光下散发出迷人的魅力。"

屈居第二并未对查尔斯的团队造成任何负面影响。相反,他的气球设计享誉全球。许多现代的气球雕刻和装饰都是为了纪念查尔斯的气球设计,而非蒙戈尔费埃家族的气球设计。"查尔斯号"的模型充斥着巴黎上空,气囊是用被称为金箔匠之皮肤的薄羊皮纸做成的。"整个巴黎的人们都热衷于这种气球,争相模仿当时气球升空的壮举。"马里恩写道,"都城的天空中突然飘来许多玫瑰色的小云朵,那是人手做成的。"许多人试图提取氢气,用以注入玩具气球,结果频频受伤。最后政府只得介入,禁止了这种行为。

查尔斯和蒙戈尔费埃家族成为法国的热议话题。他们先驱性的气球计划在各地都引起了轰动。除了有纪念该事件的雕刻以外,欧洲人在室内也开始选用气球靠背的椅子、气球形状的座钟,以及画有气球图案的陶器。各种纪念性的小摆设满足了不同阶层的消费需求。气球进入到各个领域,从餐饮业到头饰产业。气球还催生了不同的流行发型:你可以走进理发店,然后对理发师说"蒙戈尔费埃头"、"环游世界头"、"半球头"或者"易燃气体头"。

1784 年,也就是两次划时代的气球飞行后的一年,共有五十二次气球升空。

先驱们沉浸在首次战胜重力作用的喜悦之中,争相把更重的飞行装置送上天空。1784年1月19日,约瑟夫·蒙戈尔费埃用气球搭载了七名乘客。这只名为福利塞勒斯(*Le Flesselles*)的热气球拥有周长为七十二英尺的走廊,四英尺宽、八英尺间隔的座位,直径二十英尺的熔炉,燃料是成捆的木头和干草。这只气球非常庞大,爬上气球以及围绕在气球周围的人也很多,以至于气球起飞时,一位名为方丹的年轻人被意外地归入乘客的行列。

不可思议的是,这只气球最终的确离开了地面,升至令人惊叹的三千英尺高空。等到气囊破裂,整个气球猛烈坠落时,气球距离起飞点不到四分之一英里。

查尔斯和蒙戈尔费埃家族保持着良性竞争。尽管互为对手,他们之间却并不存在仇恨和敌意,反而公开赞赏对方的成绩,有时候甚至分享技术信息。

身为蒙戈尔费埃兄弟旗下的气球驾驶员之一,让—弗朗索瓦·比拉多·德·罗齐耶和查尔斯一样,也是一名物理老师,经常就气体研究的新领域举办公开的讲座。通过研究查尔斯气球的结构体系,并与自己驾驶过的气球相比较后,罗齐耶突然萌发了一个想法。现在共有两种气球,一种注入热空气,另一种注入易燃气体。**为什么不将两者结合呢?**

查尔斯警告罗齐耶,他这是在"引火上身"。可是,罗齐耶置之不理。皇室决定资助罗齐耶研究自己的气球系统,并不断向他施压,希望早日看到成果。

罗齐耶的系统包含两个气球,一个气球在另一个气球内部。较大的气球,也就是外部的气球,注入氢气;而内部的气囊是一个热气式气球(或者称为"*montgolfière*")。外部的氢气球提供了上升的主要动力,而内部的"核心"热气球则用于控制飞行的高度。只要在热气式气球下面的火堆里添加燃料,气球中的热空气就会增加,导致气囊膨胀,气球上升。随着气球升高,空气压力减弱,加上太阳温度升高,导致外部气囊中氢气膨胀,从而提升气球的上升速率。这时候,可以逐渐熄灭火焰,让上升速度减缓;继续熄灭火焰,气球就会停止上升。马里恩写道:"通过增加一个热气式气球,罗齐耶也许想要简化操作步骤,不用在上升时扔掉压舱物,也不用在下降时释放气体。他的设想,可能是将内部的热气式气球设定成一个允许进行任意上升或者下降操作的装置。"

罗齐耶在其革新式的气球设计成型前两百年去世。

对于罗齐耶来说,在空中维持较长时间非常重要,因为他想要在持久性上打破纪录。首先,他想要成为第一个飞越英吉利海峡的人。1784年秋天,罗齐耶和同伴皮埃尔·罗曼(Pierre Romain)已经做好准备,但是,技术难题和恶劣天气将他们的计划延迟了一年。就在那时,另一个法国人让·皮埃尔·布兰卡德和他的美国同伴约翰·杰弗里斯博士,已经抢先驾驶氢气球穿越了英吉利海峡。

比拉多·德·罗齐耶和他的兄弟皮埃尔·罗曼决心继续自己的计划,他们深信这样的设计最终将为气球运动带来革命性的转变。1785年6月15日,他们从滨海地区的布洛涅出发了。

蒙克·梅森(Monck Mason)冷淡地评论道:"他们的理论是正确的,但在实际应用中出了错。"一个半小时后——风一直顽固地要将气球吹回到海边——观看的人群发现罗齐耶和他的兄弟不断打出"警示信号"。他们迅速用盖子盖住火盆,然而,为时已晚。

随着气球的上升,周围的空气压力逐步减少,而罗齐耶低估了氢气的膨胀速率。"较大气球中的易燃气体迅速注入了丝绸的中空部分,并沿着气球颈部的通道直窜至熔炉,导致气球底部的熔炉被点燃。"

结果就是:砰地一声巨响。罗齐耶和罗曼的气球坠落在加来和布洛涅之间的一处岩石堆上。"罗齐耶的尸体在走廊上被人发现,全身烧伤,骨头多处断裂。罗曼仍有呼吸,但已无法言语,在几分钟后去世。"

首位飞越英吉利海峡的气球驾驶员让·皮埃尔·布兰卡德是个喜欢掌控自己未来走向的人。尽管飞越英吉利海峡是一件值得庆贺的事情,但是布兰卡德将眼光放得更加长远。他想要发明世界上第一个真正实用的飞行装置。在漫长多彩的气球运动生涯中,他一直致力于解决气球的动力问题。他梦想着发明飞艇——而当时的飞艇看起来都愚蠢至极。

1753年7月4日,布兰卡德出生在巴黎附近的小安德烈。青少年时期,布兰卡德逃离了贫困的老家,完全依靠自己的努力获得了成功。他青年时期的发明包括带枪的捕鼠器和原始自行车。他并不是一个天生的气球驾驶员。他对重于空气的飞行器更感兴趣,并花费很长时间设计手动飞机和直升机。1782年,他公开展出了一种飞行船——"借助这个装有划桨和绳索的装置,他成功地停留在八十英尺的高度,并维持了一段时间。"

然而,和其他人一样,他对蒙戈尔费埃兄弟1783年在其家乡阿诺奈展示的热气球留下了深刻的印象。这让他想到,气球技术也许会对他正在研究的飞行装置所需的动力系统提供帮助。对于前进运动的执念让布兰卡德变得盲目，对几乎其他所有的可能性都视而不见。尽管身为一名天才工程师，但布兰卡德也充分显示出对于如何操控空气缺乏应有的理智。他认为自己可以像划过水面一样划过空气！

对于掌握更多信息的后人来说，有些想法无疑是疯狂的，而另一些简直堪称愚蠢。1783 年岁末，当艾蒂安开始漫不经心地考虑这个问题时，约瑟夫写信说："亲爱的朋友，请你看在我的面子上，一定要慎重考虑。如果你决定使用船桨，一定要先做好周密的计算。船桨必须要么大要么小。如果是大船桨，它们会很重；如果是小船桨，就必须快速地划动它们。"约瑟夫已经了解气球运作的核心规则了：驾驶的唯一方法就是控制高度，在不同的高度利用不同的风向。

1784 年 3 月 2 日，皮埃尔·布兰卡德和他的同伴、本笃会牧师帕斯（Pesch）在巴黎战神广场为放飞氢气球做准备。帕斯为了参加这次飞行而不惜越狱，因为他之前被明令禁止搭乘这种"恶魔的发明"。不幸的是，他最终没能起飞。由于一位年轻人的干扰，气球起飞被打断并最终取消。很长一段时间以来，人们都在猜测这位年轻人就是拿破仑·波拿巴。[谣言愈演愈烈，让人不堪其扰，以至于拿破仑在自己的回忆录里正式宣称那个年轻人并不是自己：只不过是他在学校时的一个老友杜邦·德·尚邦（Dupont de Chambo）。]

德·尚邦要求搭乘布兰卡德的气球，被拒绝后居然拔剑跳上了篮筐。他划破了布兰卡德的手，并割断绳索，在警察把他拖走之前还弄坏了布兰卡德用塔夫绸做成的"划桨"。经过快速改装后，气球在当天起飞——但是气球上只有布兰卡德。（帕斯的禁令赶上了他，后来他被教会驱逐到了最遥远的修道院。）

布兰卡德故意将此次飞行纪录当成公开的自我推销手段。（毕竟，如果他想要继续飞行，就得吸引更多的赞助者。气球并不便宜。）他张狂地宣称，自己在飞行中途临时拼凑出了船帆，从而推进了气球前进！这纯属无稽之谈，正如福尔让斯·马里恩指出的那样，"如果将整个装置，球状物和船帆，随意抛掷到空气当中，它们无论如何都会跟着风向前进的。"

不管是否真的尝试装备船帆，布兰卡德很快就遇到了其他麻烦。"太阳的光线过于强烈，使得易燃气体变得更加稀薄，于是我很快将制作船帆这件事抛到脑后，转而思考威胁安全的危险因素。"这一点是真实的。跟此前的查尔斯一样，布兰卡德将气球底部封闭了！随着气球不断升高，气压降低，导致气球不断膨胀，几乎爆裂。（我在之后几页会给出解释，其实没有必要将氢气球或氦气球的底部封闭。这些气体比空气更轻，因此它们永远不会从底部泄漏出去。布兰卡德意识到这一点时，已经到了千钧一发的时刻。）

等到解决了这个问题之后，布兰卡德开始"垂直上升"：

严寒逐渐变得难以忍受……四周静谧无声，令人恐惧，而更令人惊恐的是我正在失去意识。我现在很想吸几下鼻烟，却发现自己忘记带随身的盒子了。我好几次调整了座位；从船头换成船尾，但是困意仍然不断袭来，只有在我被两股狂风吹打的时候才会稍微清醒一些。这两股狂风不断压缩着气球，从肉眼就可看出气球尺寸在大幅缩水。于是，当气球开始迅速降落在河面时，我感觉如释重负。

布兰卡德的才能全部得以恢复，尤其是他捏造故事的能力。尽管疯狂的德·尚邦已经摧毁了划桨，但布兰卡德坚持声称："一想到将要在河面降落，恐惧就促使我发疯似地摇动划桨。我相信，正是因为这种动作让我安全地飞越河面，最终降落在干燥的土地上。"

布兰卡德的首次飞行持续了七十五分钟。这无疑是一项杰出的成就——然而，布兰卡德就是不断地吹嘘那些划桨！这一举动让同一时代的人退避三舍。在观看了整个过程后，物理学家让—巴蒂斯特·比奥（Jean - Baptiste Biot）很快就公开质疑布兰卡德用划桨飞行的说法。布兰卡德固持己见。他很清楚，如果有人能够做到让气球点对点飞行，那么这个人一定会抢占所有的赞助，并成为整个欧洲茶余饭后的话题。此时的巴黎，抢夺赞助者的竞争愈演愈烈。对于布兰卡德来说，解决问题的办法就是——搬去伦敦。这个伟大的都城尚未见过载人飞行。他的机会来了！

1784 年 9 月 15 日，就在布兰卡德走下渡船的几周后，意大利人文森佐·卢纳迪（Vincenzo Lunardi）进行首次远距离空中飞行，一路从伦敦飞行大约二十五英里来到了赫特福德郡。隔天，文森佐·卢纳迪成为全伦敦的宠儿，他的名字更是登上了各大报刊的头版，他的非凡勇气被写入了流行歌曲。雪上加霜的是，卢纳迪在气球上配备了划桨！

还算幸运的是，卢纳迪在起飞时掉落了一只划桨，因此布兰卡德用划桨在空中飞行的故事还是在伦敦的街头巷尾引起了不小的轰动。对于英国的赞助人来说，布兰卡德代表着一个奋起直追的机会——英国有望成为第一

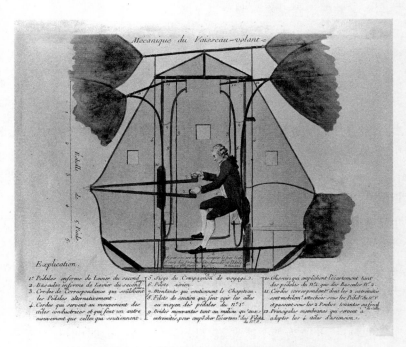

让—皮埃尔·布兰卡德为自力推进式气球寻求赞助。

个拥有自力推进气球的国家！

对于这一点，我现在持怀疑态度。布兰卡德已经沦为自己一厢情愿的想法的受害者。在完成他在英国的首次（单独）飞行过程中，他坚持要划回地面，"在十五到二十分钟之后，我最终抵达了地面……我当时已经精疲力尽，全身乏力。"在单独飞行时，我觉得人们会说服自己去相信任何事情。但是，如果有乘客同行，那又是另外一番光景了。想象一下，你该怎样在一群热切期盼的目击者面前划回地面——或者，更有挑战性的情况是，怎样在多疑的赞助人眼前划回地面？

布兰卡德花费了很多工夫，尽量避免搭载乘客飞行。1784 年 10 月 16 日，他计划和为人古怪的著名解剖学家约翰·谢尔登（John Sheldon）一起飞行。布兰卡德在气球底部的柳条筐上"装备了某种通风设备，并可以利用绞盘移动它。这个通风设备装备了两翼和舵柄，专门为实现任意驾驶而服务……一旦到达特定海拔，这种装置的实用性就会体现出来"。

除此之外，气球上还有"许多科学仪器和乐器、若干茶点、用来将气球固定在地面的压仓物等。由于气球载重有限，谢尔登被迫离开气球。最后，气球获得了足够的浮力，得以升空。"历经许多挫折与磨难之后，"马里恩写道，"布兰卡德在汉普顿的一处平原着陆，此处距离出发地点七十五英里。据观察，围观人群并未看到布兰卡德按照展示时承诺的那样使用两翼和通风设备。"

没有人注意到谢尔登被从气球上赶出后的失望心情。布兰卡德当时筹备"划"过英吉利海峡，可是资金不足。

约翰·杰弗里斯博士是一个居住在英国的波士顿人，他同意为这次飞行集资——这无疑是最振奋人心的年度大事件——前提是他能够参与飞行。布兰卡德使尽浑身解数阻止这位赞助人走上气球，甚至起草了一份合约，声明"为了飞行的成功，如有必要"，杰弗里斯必须同意从气球上主动跳下。

杰弗里斯认为布兰卡德只是在吓唬自己，便爽快地签署了这份合约。在这之后，两个人的关系不断恶化，甚至升级为公开的宣战。布兰卡德正在肯特海港的多佛城堡准备气球计划，还设置了路障。杰弗里斯也作出回应，他雇用一队水手对堡垒进行了猛烈攻击。

1785 年 1 月 7 日，气球被搬运到多佛的悬崖峭壁上。布兰卡德允许杰弗里斯进入舱体，然而气球并未上升。于是布兰卡德宣布，气球载重过多，导致无法起飞,因此杰弗里斯必须离开。杰弗里斯检查了整个装置,然后审视了他的副驾驶员,发现布兰卡德戴着一条铅制皮带。

取下皮带之后,气球升到了多佛的悬崖峭壁上空:一只黑色的小型吊船,船上配有方向舵、四个船翼和覆有丝绸而闪闪发亮的划桨。周围一片静寂。在几小时内,两人几乎没有交谈。

尚未到达全程的一半时,气球突然下降。起初,这似乎不是大问题。毕竟,他们有很多东西可以抛下:望远镜、钟、一个小型的科学图书馆、乐器,以及若干艺术品。等飞完四分之三的路程之后,他们将信件、救生衣和绳索都抛弃了。布兰卡德决定开始划桨,于是他抓过吊船上的丝质船桨,开始在空中划桨。杰弗里斯试图操纵方向舵。我们不知道他们中的哪个人首先建议拆卸方向舵,反正最后方向舵确实被扔进了海里。

然而,气球仍在下降。现在,吊船正在波峰浪谷间跳跃。他们扔掉了上衣、随身携带的信件,甚至裤子。他们轮流在瓶子里撒尿,并把瓶子扔掉。在费尽周折之后,气球总算开始回升。

他们几乎冻僵了,而且只穿着内裤。最后,他们降落在阿德雷斯(Ardres)附近的一处森林,此处距离加来不远。等他们进城之后,杰弗里斯把手伸进内裤里,抽出了一封皱巴巴的、寄给本杰明·富兰克林之孙邓波·富兰克林的信件。这就是世界上最早的航空邮件。

同年——也许是受到了穿越海峡那趟惊险之旅的鼓舞,让·皮埃尔·布兰卡德又开始进行他的降落伞实验。他在一次气球飞行中带上了一只狗,把它绑在自己发明的遮篷上,然后把它扔下吊篮。这只狗完美地完成了四点着陆,随后跑向一棵树,后来就再也没人见过它了。

布兰卡德欣喜若狂,于是决定公开展示自己的实验成果。但是,在扔死了一只狗和一只羊后,他被迫放弃了这个想法。然后,布兰卡德宣布自己将会一边拉小提琴一边使用降落伞降落。人群蜂拥而至,想要一睹布兰卡德的壮举。结果,他确实完成了诺言——只不过是从十英尺高的地方降落的。失望的围观人群开始骚乱,毁掉了布兰卡德的仪器设备。

安德烈—雅克·加尔纳林(André – Jacques Garnerin)第一个想到了无框架布制降落伞的点子。这位前物理专业学生曾经在法国军队学习气球驾驶。1797年10月22日,他公开展示了自己的新发明,驾驶着充满浓烟的气球在巴黎上空三千二百英尺的高空飞行,随后他让兄弟割断了固定吊船的绳索。起初的场景异常惊心动魄,因为绑在吊船上的降落伞始终保持着卷起的状态。"突然,降落伞舒展开来,这个冒险家的急速下降立刻被抑制住了。"

加尔纳林的降落过程并不顺利。小吊船开始剧烈摇晃,甚至一度摆动到遮篷上面,这让围观人群为加尔纳林的安危捏了一把汗。在十二分钟的摇摇晃晃之后,吊船最终安全着陆,加尔纳林跟跟跄跄地走了出来,看上去状况很糟。

加尔纳林设计的布制降落伞中滞留着一些空气,它们累积到一定程度后,必然会沿着降落伞的边缘溢出,这也就是降落伞和乘客来回摇摆的原因。法国天文学家杰罗姆·拉朗德(Jérôme Lalande)想到了解决办法:在降落伞的上部切一个洞。这个洞无疑会对降落伞的有效性造成影响,但是它能够让滞留在里面的空气适当溢出,确保整个降落过程更具稳定性。进行了这个微小但极为关键的改动之后,加尔纳林的设计最终成型。他完成了环游世界之旅,进行了数次跳伞演示,其中有很多次跳伞是跟他的妻子和侄女完成的。

对今天的许多人来说,气球运动似乎是一项温和文雅、适合冥想的休闲活动。可是十九世纪的气球运动先驱们并不这么想。一些人目标明确,决心将气球运动变得尽可能地令人毛骨悚然。我怀疑,一个人到底要痛饮多少杯鸦片酒,才会觉得骑着小马驹在云端飞行看似一个好主意?伦敦水果商出身的查尔斯·格林是英国著名气球驾驶员,他在1827年7月29日就这么做了——在这个过程中,他一直向惊惶的围观者保证这匹马"为这个目的接受过特殊培训"。事实证明,这项训练课程一定相当了不起,因为马儿全程都表现得气定神闲,"勇敢的骑手不时地亲手喂豆子给它,而这匹马则一直专注于大嚼豆子"。

九年之后,格林从爱出风头的人成功转变为气球运动的先驱。他驾驶"皇家沃克斯沃尔号"(Royal Vauxhall)气球打破了一项重大的飞行距离纪录。格林、赞助人罗伯特·霍兰(Robert Hollond)以及气球驾驶员蒙克·梅森飞行了四百八十英里,连夜从伦敦的沃克斯沃尔公园飞至德国的威尔堡——这项纪录直到1907年才被人打破。他们飞行时依然保持时髦,梅森在1838年的笔记中提及了斗篷、毛毡手提包、桶、喇叭筒、气压计、望远镜、灯、酒坛、烧瓶以及"其他许多物品,它们都是旅行中必不可少,且在经过的地区无法取得的物品"。

这次旅程极其鼓舞人心。蒙克·梅森写道:"在他(格林)看来,大西洋不过是一条小运河——仅需三天时间,就可以飞越整个大西洋。"(格林所言不假,我和派在 1987 年证实了他的说法。但是,我不太确定能否将大西洋说成一条"小运河"!)梅森继续写道:"地球的周长并未超出他的预期。历经十五个日夜,乘着信风,他对于环游世界的目标相当自信。对于在他面前展开的光辉前途,还有谁会去质疑呢?"

十九世纪最夸张的早期长距离飞行,无疑是由"巨人号"气球完成的——这只气球由法国摄影师加斯帕·菲利克斯·图内肯设计制造,这位摄影师使用了纳达尔作为假名。"巨人号"气球没有使用普通的柳条筐,而是采用了柳条编织的两层小屋来搭载乘客。小屋有八英尺高,十三英尺长,里面还设有小型的打印室、影像部门、茶点室和盥洗室。1863 年 10 月 18 日,"巨人号"气球搭载着十三名乘客,从巴黎的战神广场升空,吸引了五十万人为其喝彩。

"巨人号"突然成为欧洲观光客当中极为轰动的话题,以至于纳达尔必须使用木支架,将翘首企盼的人群与起飞地点隔离。(自此以后,比利时人开始将人群控制障碍物称为"纳达尔"。)不幸的是,这次飞行没有实现其主要目标——为一个研究(或等待出现)重于空气的飞行器的学会筹集资金。

儒勒·凡尔纳是该学会的秘书,他所著的《气球上的五星期》就是受到了"巨人号"气球冒险故事的启发。然而,书中的虚构故事毕竟无法与现实中展开的奇幻冒险相比。就在完成首航的几周后,纳达尔驾驶着巨大的飞艇进入了德国。

故事发生在晚上。根据经历了那次飞行的乘客描述(最终被福尔让斯·马里恩所引用):"我们在正餐,或者说是晚餐上聊天,夜幕降临。每个人都吃得津津有味。火腿、禽肉和甜点不断地出现,只为了同样快速地不断消失。我们还畅快地豪饮波尔多酒和香槟。"

然而,夜晚开始出现了浓雾。"气球上升阶段聚集的水珠开始起作用,导致气球飞速下降,好像要坠入黑暗的深渊。这时,压舱物被甩了出去,但它们的降落速度低于气球的降落速度,于是又砸在了乘客的头顶。"(你应该会感到奇怪,他们到底要喝多少酒才会作出这种描述。)

气球逐渐稳定了,旅程也在继续。"我们不时飞过火堆、锻造厂、高耸的烟囱和煤矿。很快我们就在右手边发现了一处大城镇,依据其占据的范围,以及辉煌的照明,我们判断那就是布鲁塞尔。"

纳达尔设计的"巨人号"气球只在 1863 年进行过一次飞行。
儒勒·凡尔纳据此撰写了一篇小说。

气球在三千英尺的海拔遭到了风暴的袭击。"巨人号"像石头一样向下坠落,又在千钧一发之际遇上时速 100 英里的大风,撞倒了许多地面上的烟囱、树木和其他障碍物。据《哈珀杂志》的通讯记者披露:"气球撞击到地面,随后又弹上空中,像火箭一样飞速地升至云端,用可怕的怪力将乘客们撞得东倒西歪。"

最后,已经差不多漏光了气的气球在汉诺威的纽伯格降落,撞倒了许多树木,幸运的是,气球上的乘客全部得以逃生。"受了伤的、几乎瘸了腿的乘客最后都返家了——都更加理智且更加愤怒了。"

气球无法自力推进,只能跟随着风的走向。考虑到驾驶者的心情以及想要实现的目标,他们要么视之为气球运动的魅力之一,要么认为这是麻烦的来源。以下列举我剪贴簿中的两封传真,都是在尝试驾驶气球环游世界的过程中收发的。

第一封传真是在 1997 年 1 月 7 日"维珍全球挑战者号"接近阿尔及利亚领空时收到的,内容如下:*"你没有——再重复一次,没有——经过授权,无法进入该区域。"*

第二封传真,是我们在 1998 年 12 月 23 日从中国政府那里收到急件后发出的。急件告知我们,我们进入中国领空时,必须让"ICO 环球号"立即着陆。如果我们不遵照指示行事,他们会毫不犹豫地把我们的气球击落。问题在于,我们此时无法着陆:

我们希望向贵方指出,此时降落不可能不危及气球上的乘客和地面的人员。我们无法驾驭气球,因为气球只会跟随风向前进。我们此时位于重重云层之间,无法清楚地看到地面情况。我们无法穿越云层降落,因为这会造成气球结冰,从而导致气球坠落。我们希望贵方能够注意到,我们已经尽自己所能地试图解决问题,并且为无法遵守贵方的指示表达深切的歉意。

我方此举并非出于对中国政府的不敬,只是无法在不危及人身安全的前提下解决目前的问题。我方非常希望贵方能够放宽时间,让我方设法解决当前的问题。

你也可以设想一下我当时的处境:坐在密封舱中,都快升上太空了,还需要和外国政府进行令人心生绝望的激烈对话，这无疑是非常可怕的经历。我觉得自己算是幸运的人，因为这些冲突最终都圆满解决了。

1996年9月，两位美国气球驾驶员阿兰·弗伦克尔（Alan Fraenkel）和约翰·斯图亚特—杰维斯（John Stuart - Jervis）参加了戈登·贝内特杯飞行比赛。他们递交了飞行计划，被允许飞越白俄罗斯的军事领空。在他们进入白俄罗斯的领土后，作为环球航空公司（TWA）飞机驾驶员的阿兰与明斯克的空中交通管制部门取得了联系。这两位气球驾驶员收到了一封模棱两可的回复之后，就再也没有收到任何消息了。

之后，有一架军用直升机向他们靠近，并且试图跟俄罗斯的气球飞行队取得联系。在半小时内，这架直升机一直围绕着气球打转，然后朝它开火了。气球的气囊和吊篮被二十发子弹击中。最后，气球坠落在一片森林里，阿兰和约翰不幸遇难。

四个月后，史蒂夫·福赛特前往利比亚，他收到了如下消息：“**由于我国有空中贸易禁运令，因此你不能进入我国领空。你应该与你们国家的政府取得联系，要求他们解除对我们共和国的贸易禁运令。**”史蒂夫后来在他的自传《逐风者》（*Chasing the Wind*）一书中提到，卡扎菲上校的手指一直放在扳机上，直到他的情报人员发现史蒂夫只是一个鹰级童军。[①]

毫无疑问，这些“侵犯主权领空的行为”是一些心怀善意的平民在疏忽大意之下不可避免的飞越行为，是出于气球驾驶员的运动家精神而做出的行为。然而，气球之于主权国家，就如同红布之于公牛。（令人惊讶的是，这条绝对的伟大的规则却不适用于朝鲜，尽管朝鲜被称为世界上最封闭、最高度军事化的国家之一。1998年，在收到“ICO环球号”预先警告的情况下，该国政府还给派、史蒂夫和我发来了欢迎信息！）

许多原本可行的长距离气球飞行计划都半路夭折，以免引起一些容易动怒的国家的反感情绪。1997年1月，史蒂夫·福赛特没有侵入中国，而是降落在了印度北部北方邦的一个偏远地区。在那里，一位当地僧侣一本正经而又战战兢兢地接待了他，还把他当成印度猴神哈奴曼（Hunaman）的化身。多年以来，苏联在其占据全球陆地面积六分之一的广阔土地上设置了禁止气球飞越的禁令，这个举动几乎让环球气球旅行成为不可能的事。

气球运动的先驱们一直希望寻找驾驶气球的有效办法，以便能随意地

---

① 鹰级童军是美国童军（BSA）的最高级别。——译注

去往自己想去的任何地方，而不是任由风向带领他们前进。这些先驱当中，最杰出的是威廉姆·布兰德博士（Dr William Bland）。他 1789 年生于伦敦，是一位产科医师的儿子。1809 年 1 月，他成为一位外科医生，登上一艘名为长庚星（Hesper）的单桅帆船，开始了环球旅行。在印度孟买，他和船上的事务长罗伯特·卡斯（Robert Case）发生争执，两人定于 1813 年 4 月 7 日进行决斗。结果，布兰德获胜，而卡斯一命呜呼。不过，布兰德被判处有罪，流放到塔斯马尼亚岛的范迪门地（Van Diemen's Land），在那里度过七年时间。他在 1815 年 1 月 27 日获释。（澳大利亚需要医生，而布兰德恰好是一名医生。无论如何，他确实是一名优秀的医生。）

对于澳大利亚的读者而言，布兰德不需要我来介绍。作为一名农场主、政治家、澳大利亚医学委员会（Australian Medical Association）的创始人及首任主席，布兰德可以说是澳大利亚的开国元勋之一。他还是一位颇具远见的发明家，也是飞行领域的伟大先驱之一，曾设计出了一艘飞艇。

以蒸汽作为动力的"原子舰"（Atmotic Ship）飞艇拥有两个螺旋桨，有效载荷（乘客以及货物）为 1.5 吨，每小时可以飞行 50 英里，从悉尼飞往伦敦只需不到一周时间。1851 年 3 月，布兰德将他的设计送往伦敦水晶宫举办的世界博览会进行展示，引起了轰动。

然而，"原子舰"从未真正被建造出来。用今天的话说，这艘飞艇只是一架"概念航空器"。布兰德设计这艘飞艇的目的是要引起广泛关注——他成功了。这艘"概念飞艇"的影响力极为巨大。不到一年时间后的 1852 年 9 月 24 日，工程师亨利·吉法尔（Henri Giffard）成功地建造出了世界上首艘完全尺寸的蒸汽动力飞艇，并飞越了整个巴黎，从剧院到特拉普，再回到出发地，全程十七英里。

然而，直至更轻、更有效的发动机诞生之后，飞艇的黄金时代才算真正到来。在十九世纪九十年代，冯·齐柏林伯爵（Count von Zeppelin）开始设计飞艇草图。1900 年 7 月，"齐柏林 LZ 一号"（Luftschiff Zeppelin LZ 1）飞艇——也是世上最成功的飞艇——升上了天空。

当时的双翼飞机只能贴着地面飞行，经常在空中解体或与树木发生碰撞，因此，飞艇的设计意图就是建造出更加灵活、更耐风雨打击的飞行器。它们能够比飞机的飞行距离更远、飞行时间更长，更重要的一点——也经常被忽视的一点——是它们将比飞机更加安全。毕竟，即使"齐柏林号"飞艇上出现电机故障，驾驶员也可以在空中完成维修。反之，如果在早期的飞机

亨利·吉法尔设计的蒸汽动力飞艇，在 1852 年 9 月飞过巴黎上空。

上出现机械故障，那么飞机就只能坠毁了。[作家约翰斯（W. E. Johns）淋漓尽致地为我们证实了这一观点。他在1918年的作品中创造出了飞行家兼冒险家比格勒斯（Biggles）的形象，并描述了三架飞机由于引擎故障，在三天内分别坠入海中、坠入沙漠以及从一位同僚军官的后门穿过的情景）。]

这些了不起的飞艇唯一缺点在于，它们的气囊中充满了易燃易爆的氢气。新世纪来临之际，这个唯一的缺点也得到了妥善解决。1903年，堪萨斯州德克斯特市的石油工人取得了一项惊人的发现：一口油井竟然完全没有燃烧的迹象。气体样本显示，该处油井的气体中含有少量从未被成功采集过的稀有元素。

这种气体就是氦气。氦气是一种惰性气体，不会燃烧，也不会与任何物质发生任何化学反应。根据该发现的科学研究报告所述，氦气不具备"实际可用性"。我们唯一能得出的结论就是，氦气比空气更轻。但在当时，氢气也同样轻于空气，且更容易大量生产。

随后爆发了第一次世界大战——此时，战争方式发生了重大改变。正如十九世纪极具远见的作家 H·G·威尔斯和儒勒·凡尔纳预测的那样，"空中作战"已经不可避免。德国派遣"齐柏林"飞艇轰炸了伦敦。这些飞艇攻击目标时并不精确——最先受到攻击的是距离首都117英里的海岸小镇大雅茅斯。这些飞艇的攻击也不太有效。牺牲的德国机组人员居然比英国地面的伤亡人数更多。[霍华德·休斯（Howard Hughes）的电影《地狱天使》（Hell's Angel）中有一处诡异的高潮场景，描述了勇敢无畏的德国飞行员毅然从空中往下跳，只为了让齐柏林空中轰炸机能够停留在伦敦上空。]然而，飞艇确实在一战中造成了威慑——它们比当时任何的飞机都飞得高，唯一将其击落的方法就是让飞行员发射燃烧弹，以点燃飞艇气囊中注入的氢气。

如果德国能得到氦气，那么德国的飞艇将会所向披靡。于是，英国和美国立即着手垄断市场。英国在1917年建立了世界上第一家氦气提炼厂。到一战结束前，美国人已经建立了他们自己的氦气供应链条。但是，这并不意味着英美两国能够大量提炼氦气。在1925年，美国海军研制的实验性飞艇"谢南多厄号"在俄亥俄州被大风撕成碎片，导致全球采集的氦气中90%的储量再次散落在空气中！

多年来，齐柏林公司始终是汽艇设计领域的领航者，该公司很久之前就计划在飞艇上用氦气取代氢气，前提条件就是要保证氦气的充足供应。齐

在曼哈顿地区上空飞行的"兴登堡号":之后生产的
飞机都无法在奢侈程度上与之匹敌。

柏林公司最新的商用旗舰"LZ 129 兴登堡号"（*LZ 129 Hindenburg*）属于史上同类飞行器中的最大型号，而且是专为使用氦气而设计的。然而，根据《凡尔赛条约》的规定，作为战败国的德国不能获取这种昂贵的新技术。

设计者希望同盟国能够改变主意；然而，最终他们被迫将"兴登堡号"重新设计成使用氢气的飞艇。

五年之后，经过断断续续的建设，"兴登堡号"最终在1936年岁初建成。"兴登堡号"为乘客提供了从未有过的奢华飞行体验，内部设计豪华优雅，不仅有休息室、餐厅、书房，甚至还有私人客舱（尽管这些客舱有些狭促拥挤）。1936年，"兴登堡号"的服务期刚满一年，就已经在大西洋上空飞越了十七个来回，其中十趟飞往美国，七趟飞往巴西。1937年，在"兴登堡号"第一次从南美洲返航的时候，悲剧发生了。当地时间5月6日的晚上7点左右，"兴登堡号"正在接近新泽西的海军航空站莱克赫斯特。二十五分钟后，飞艇突然起火。也许是电火花点燃了飞艇充满电荷的铝制外壳。外壳蒸发了，氢气随即发生爆炸。"兴登堡号"完全被火焰所湮没，最终坠落。

难以置信的是，三分之二的乘客和机组人员在大火中幸免于难。但是，电台对这场灾难进行了现场播报，并被录制了下来，因此这次空难还是在公众心中留下了难以磨灭的烙印。自此，飞艇的黄金年代结束。

尽管更快、更坚固、更易操作的飞机相继问世，飞艇依然通过瞄准缝隙市场而存续至今。1909年，妇女参政论者穆里尔·马特斯（Muriel Matters）登上一艘"八十英尺长的小型飞艇"，在国王爱德华七世的头顶上洒下了政治传单。

尽管我们维珍公司的小型飞艇偶尔也会进行一些厚颜无耻的营销宣传，却从未达到穆里尔那种水准的政治恶名。但是，这对我们来说未尝不是一件好事。我们可以借此进行品牌营销。通过空中飞行的飞艇，我们表达了自身的娱乐精神。当英国航空公司陷入无法完成伦敦眼的困境时，我们就在建筑工地上空放出飞艇，并在下方悬挂标语来开他们的玩笑。标语的内容是："英国航空公司没办法把它建成。"

飞艇取得成功的最关键因素就是可见度。我们设计的飞艇是唯一能够从内部发光的汽艇。在美国"超级碗"周末，我们公司的一架飞艇始终在橄榄球场上方进行拍摄，于是我们决定为公司进行免费宣传。我们在飞艇上写出标语，内容是"CBS的摄影师是世界上最帅气的摄影师"。就这样，我们为维珍公司赢得了持续数秒的免费网络广告。

1989 年 3 月 31 日,维珍公司开始入侵地球。一架发光的"飞碟"——事实上,那是一只配备有内部发光系统的气球——导致数条高速公路陷入停顿,吸引了数千名早起上班的伦敦驾车者走出他们的汽车,密切注视我们的"飞碟"飞过整个城市。我们事先研究过风向,希望"飞碟"能够降落在海德公园。最终,"飞碟"降落在了城市外围靠近盖特威克的一处田地。由于"飞碟"的降落地点比较偏僻,且靠近机场,因而加重了当局的担忧。更有几十名受惊的民众打来电话,警告当局警惕外星人入侵的可能性。

警察飞速赶往现场:一名勇敢的警察透过早晨的薄雾向我们爬来,手中紧握着警棍,然后,飞行器舱门弹开了,我穿着航天服和鱼缸式的头盔走出舱外。整个事件太过迷雾重重,太过阴冷,也太过太过诡异,以至于那名警察仓皇而逃,逃得飞快。

"等等!"我向他喊道,并取下了我的头盔。他转过身来,明显长舒了一口气:"哦,看到你真是太高兴了!"

出于对飞行的热爱,我们进入了航空领域。我们并非众多无聊乏味的航空公司中的一员——我们在不断寻找航空事业的新起点。2001 年,我们打破了飞艇速度的世界纪录。与此同时,负责管理飞艇运营公司的麦克·肯德里克(Mike Kendrick)不断寻找着事业发展的新想法、新机遇。他设计出了一种空中的排雷系统,并将其应用于波斯尼亚。离开维珍公司时,他已经建立了慈善性质的排雷系统,希望能让这个想法得到更进一步的发展。

然而,世界性的大事件总是来得让人猝不及防,打破了我们对维珍飞艇的计划和梦想。在 2001 年 9 月 11 日的恐怖袭击之后,政府全面禁止飞艇飞越大部分的大城市。如此一来,原本脆弱的飞艇产业遭遇了严冬。(飞艇的可见度正是——并且一直都是——飞艇的最大卖点。)于是,公司决定出卖维珍小型飞艇。我必须承认,我仍然对它依依不舍。

我希望能够找到方法让飞艇重归天空。我觉得它们美丽非凡,引人注目,并且极具独创性。我认为,如果城市上空出现飞艇舰队行进的盛况,我们的城市风光将会得到显著提升。我想英国人是倾向于支持失败者的,但是我认为飞艇能够以其他任何飞行器都无法做到的方式触动人的内心深处。汽艇不止一次地被称为震惊世界的商业观念——然而每一次,汽艇都会因为人们更关注重于空气的飞行器的发展而受到排挤。

飞艇曾经比飞机更加安全，更加可靠。不过，那些日子已是很久以前的事了。曾经，飞艇的飞行距离比飞机更远；现在，至少有一架飞机——"维珍大西洋环球飞行者号"（Virgin Atlantic Global Flyer）——不用补给燃料就能够环游世界。飞艇的支持者大多认为，汽艇是一种环境友好型的交通方式。但是，考虑到设计飞机时可用的复合材料，以及正在研发中令人兴奋的"绿色"燃料的数量，更不用说如今使用太阳能的超轻型飞机的数量，我难以想象飞艇的这一优点会一直延续下去。

我仍然不死心，期望飞艇能够在旅游市场上占据一席之地。我觉得，从飞艇下方的吊船中俯瞰，是参观非洲狩猎场最具有趣味性也最为经济的一种方式。无论如何，我一直在提醒自己，随着新材料不断得到应用，航空领域的发展日新月异。再过一百年，谁知道取代"环球飞行者号"或者"白色骑士号"的会是怎样的奇怪飞行器？谁又知道，说不定哪个旧想法就是值得温习并挖掘的呢？

罗齐耶气球

1991 年，我和派·林斯川完成了飞越太平洋的计划。我想要做的无非是坐在火炉边喝上一杯酒，但是我能从派的眼光中看到一丝光芒。他说，既然我们已经打破了这么多纪录，现在也是时候挑战最后一项极限——环游世界了。我一开始觉得他一定是疯了，但是在更深入地思考之后，我意识到尽管我们经历了许多可怕的时刻——而且有过很多类似体验——但这些飞行已经成为我生命中最为美好的冒险。于是，我被派说服了。

1998 年 12 月 18 日，派·林斯川、史蒂夫·福赛特和我开始了我们驾驶气球环游世界的最终尝试。我们计划全程飞行，大概要花三周时间。飞行的高度使得密封的增压舱体成为必需。为了实现这一目标，我们只敢信任一种气球。1987 年，当我们开始共同冒险之旅时，派曾巧妙地驾驶着热气式气球载着我们飞越了大西洋；但是，对于环球飞行来说，只有罗齐耶气球能够达到要求。

比拉多·德·罗齐耶曾经试图飞越英吉利海峡，但是这个"点燃了粉末"的人最终壮烈地以失败告终。他深信，对于长距离飞行来说，最自然的选择就是在气球上混合使用轻气和热气。他说的没错。如果更加安全、不易燃烧且同样轻巧的氦气能够取代易燃易爆的氢气，那么罗齐耶气球就将成为气球技术的不二选择。在二十世纪八十年代，苏格兰热气球先驱、现今最大的热气球公司卡梅伦气球公司的创始人唐·卡梅伦（Don Cameron）设计了现代化的罗齐耶气球，并对其进行了测试。（碰巧的是，他是少数被光荣授予了"国际飞行艺术/科学最杰出贡献奖"——哈蒙奖（Harmon Trophy）——的气球驾驶员之一。）罗齐耶气球通常由一个注入氦气的球体及其下方注入热气的圆锥体构成。在白天，氦气受热膨胀，将热气挤出气囊。到了夜晚，氦气遇冷收缩，驾驶者必须点燃加热装置，加热内部气囊的气体使之膨胀。你不需要在白天释放出任何氦气，也不需要在晚上重新充氦气；你也不需要为了让气球保持在空中而加热整个气囊。加热装置所消耗的燃料相对较少，因此你可以根据天气变化，随心所欲地安排旅行时间的长短。你想要怎样的舒适程度？你想要携带多少食物？还有——很重要的一点——你想要飞到什么高度？这种气球的增压舱重约三吨，这个重量足以让纳达尔的"巨人号"气球黯然失色，尽管如此，罗齐耶气球却能在空中维持数周之久。

这次飞行绝对是我人生中最恐怖的飞行经历之一，数次与死神擦肩而过。我记得，当时我们沿着俄罗斯、伊朗和伊拉克之间狭长的陆上走廊飞行时，无时无刻不在担心被大风吹入充满敌意的领空。我记得我们偏离航道进入利比亚和中国的空中防御体系之后，被迫疯狂地发出电报。我记得，我们曾迎着凛冽的狂风，向珠穆朗玛峰和乔戈里峰猛冲过去，而当时的乱流几乎让我们撞向两座高峰的背风处。（这种现象被称为"致命卷曲"！）随后，气球不可思议且毫不费力地正好从两座高峰之间穿过。"维珍环球挑战者号"自始至终表现出色，不过，我们用尽了运气，最终错失世界纪录。

我们的气象学家鲍勃·莱丝（Bob Rice）告诉我们，带着气球飞往太平洋的亚热带气流将突然减弱。我们幸存的机会非常渺茫。太平洋浩瀚无际，基本没有可供区分的鲜明特征：尽管存在少数岛屿，但漂流者事实上没什么机会得到陆地救援。如果是在大西洋，你可能会在一艘船舶附近迫降；如果是在太平洋，你就真的陷入濒临死亡的境地了。然而，奇迹有时也会发生。我们又听鲍勃·莱丝说，现在的风向正将我们带往数千英里内的唯一岛屿：夏威夷！我们在距离海岸六十英里处迫降，然后鼓起勇气抛弃密封舱，跳入起伏的海浪中。最后，我们被直升飞机救上了岸。

博莱特灵卫星3号

高 61米·直径35米·18400立方英尺氦气

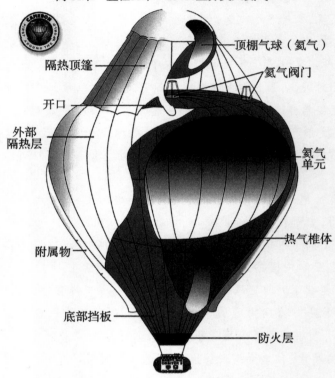

顶棚气球（氦气）

隔热顶篷

氦气阀门

开口

外部
隔热层

氦气
单元

热气椎体

附属物

底部挡板

防火层

起飞重量 九吨（超过一半的重量为燃料）

  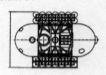

就长距离的气球飞行来说,1998 年和 1999 年无疑是伟大的两年——也许可以称为最伟大的两年。无人能与瑞士精神病学家伯特兰·皮卡尔(Bertrand Piccard)和英国飞行员布莱恩·琼斯(Brian Jones)在 1999 年 3 月实现的"世界第一"相媲美。在二十天的飞行过后——这本身就是一项令人惊愕的持久性纪录——他们驾驶"博莱特灵卫星三号"(Breitling Orbiter 3)完成了首次环球飞行。当然,这又是一只卡梅伦气球公司设计制造的罗齐耶气球。

第三章
"飞行就是一切"

"发明飞机不算什么。建造飞机算是小有所成。但飞行却是一切。"

——奥托·李林塔尔（Otto Lilienthal）

2003 年 7 月 5 日，星期六。

"他们一直告诉我，我应该去学飞行，但我每次都懒得去学。"我这样告诉聚集起来的记者。"现在，我真希望自己曾经去学过。"

我正站在英格兰东北部斯卡伯勒附近的布朗普顿—戴尔（Brompton Dale）的田地里，穿得像个马车夫，准备重演人类首次可控飞行。

乔治·凯利爵士（Sir George Cayley）是一名经验丰富的工程师（他三年来一直担任斯卡伯勒的当地议员），史上首位使用牛顿物理来解释空气动力学的专家。凯利出生于 1773 年，他勤恳地将自己的一生都献给了载人飞行研究。1853 年，他发现了建造"飞行降落伞"的方法——这个名字听起来令人困惑，事实上，它与现代的飞机相似。

它起飞时，凯利并不在上面。他是一位准男爵，家产殷实。虽然他已经年届八十，但是绝不糊涂——他扔给车夫约翰·阿普比（John Appleby）一些硬币，让后者替自己试飞。"凯利飞行者号"飞行了 200 码，当它降落在山谷的另一端时，发生了剧烈颠簸和碰撞，导致凯利失去了一位忠实的仆人。阿普比事后愤而言之："乔治爵士，对不起。我想提醒您，您雇用我是为了让我开车，而不是让我飞上天。"

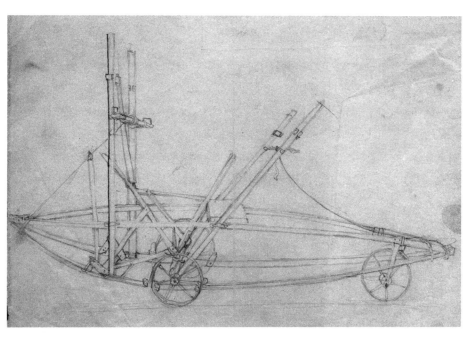

对于学生涂鸦来说,这幅画还算差强人意:
年轻的乔治·凯利描画的飞行器素描。

站在复制品面前的我能够了解他的感受。我当时五十三岁,仍在努力考取自己的飞行员执照。金牌滑翔翼驾驶员艾伦·麦克沃特(Allan McWhirter)曾经为我教授基础课程,到头来,我还是感觉自己和"凯利飞行者号"的首位飞行员一样迷茫无助。

　　一架红箭飞机在我们头顶呼啸而过。一架维珍公司的 747 客机也随时会从我们上方飞过。凯利家族的祖孙三代人即将在媒体面前侃侃而谈,手舞足蹈地讨论其祖先在发明飞机、坦克履带、假肢、轮辐自行车轮以及创办首家工艺学校等领域做出的杰出贡献。我环顾四周,想找到我的车夫,并为自己没有车夫的事实感到遗憾,然后,我爬了上去。

　　我并不是凯利唯一的疯狂崇拜者。莱特兄弟——在五十年以后——也是。莱特兄弟认真研究了凯利的研究成果。之后数年,他们一直忙于法律诉讼,最终发现,凯利是少数几个他们可以大方承认有所借鉴,同时又不削弱兄弟俩的专利的先驱之一。

　　凯利是第一位真正意义上的航空工程师。就在几年前,凯利学生时期的笔记本被人翻找了出来(它们是在伦敦皇家航空协会图书馆的档案室被找到的)。这些资料显示,凯利甚至在学生时代就已经开始研究飞行理论了。

　　凯利研究过鸟类解剖,还花费了大量时间观察飞行中的鸟类。由于发现模仿鸟类翅膀振动并不容易,凯利便发明了依赖某种其他推进方式的固定翼滑翔机。一开始只是一些飞机模型;后来,凯利建造出了全尺寸滑翔机,将它们沿着斜坡拉下山坡,直至获得起飞所需的速度。这些滑翔机在短途运输旅客方面无疑是成功的。值得争议的地方在于,阿普比作为首位飞行员的殊荣应该属于他人——某位不知姓名的十岁男孩,或者可能是凯利的孙子乔治·约翰·凯利——他们都在更早的时候就驾驶样机飞越了数英尺的距离。

　　无巧不成书,莱特兄弟首次飞行的百年纪念日,恰逢凯利首次试飞的一百五十年纪念日。对莱特兄弟怀有敬意的人不在少数,因此我们不妨来缅怀一下凯利,他和"凯利飞行者号"一样,都需要推一把。我们和 BAE 系统公司的朋友进行了讨论,筹集到了一笔大约五万英镑的资金,并监督了凯利发明的重建工程。BAE 系统公司的工程师们和地方办公室通力合作,圆满完成了任务。现在我要做的就是驾驶这架飞机,并确保不发生坠机——也确保不让自己殒命于此。

没有舒适的驾驶舱，我只能蜷缩在中空的帆布船体上方的木头架子上，还要紧紧抓住架子以维持平衡，并确保基本的掌控力。我给出了信号，颠簸着滑下了山坡，然后——谢天谢地——上升到了五十英尺的空中。

早在飞机诞生之前，航空公司就已经存在。客运飞行的运输价值和经济价值早在人们了解如何飞行之前就被发掘出来了。于是，在奥维尔·莱特首次离开地面之前的那一代人中，投资者就已经开始将大笔资金投入航空公司。

威廉·塞缪尔·汉森（William Samuel Henson）出生于 1812 年，后来跟随父亲进入饰带制造业。1840 年，汉森受到乔治·凯利工作的鼓舞，与饰带产业工程师约翰·斯特林费罗（John Stringfellow）一起设计了一架轻型蒸汽动力飞机，并将其称为"空中蒸汽马车"。

汉森和斯特林费罗极有远见地意识到，乘客服务是航空产业未来的发展方向。于是，他们建立了一家国际航空公司。为了吸引更多投资，"空中运输公司"（Aerial Transit Company）发起了一场声势浩大的宣传活动。他们发布了飞机飞过伦敦上空，以及埃及、印度和中国等充满异域风情的地点上空的图画。（与此类似，你可以在 YouTube 网站上找到"太空船二号"首航的动画。）他们向议会递交了一份议案，希望允许他们筹资建设运营国际飞行航线。下议院听到这个议案之后哄堂大笑——这显然表明他们不愿做出改变！媒体对此表示怀疑，也表现出了极大的热情。《庞奇》杂志（Punch）和其他若干报纸上立即刊登了他们的飞机在埃及金字塔上方飞行的讽刺漫画。

"空中蒸汽马车"原本准备由竹子和空心木头制造，并用绳子加以固定。它的动力来自无附件和附属设备的蒸汽机，以此带动两台六叶螺旋桨。把汉森的飞行器称为有预见性的发明，其实贬低了它的价值。事实上，他所有的设计元素后来都被应用于真正的飞机。只有一个问题：它无法飞行。

汉森制作过一个比例模型，它也确实成功飞离了地面；但是，将其放大成翼展二十英尺的模型时，却无法离开地面。

对于重于空气的飞行器而言，不断困扰设计者的因素是如何将足够的燃料注入足够轻巧的运载工具。"空中蒸汽马车"不可能离开地面，因为汉森越想加大动力，他设计的飞行器就越沉重。汉森当时唯一可用的发动机是蒸汽发动机！

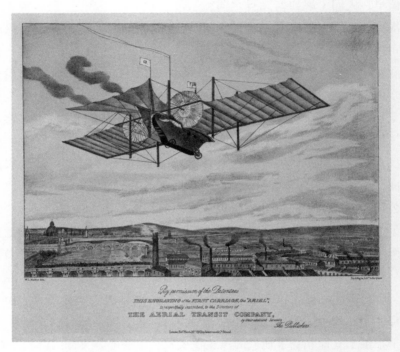

汉森预见到了未来的国际航线。但遗憾的是,他的飞机却没能飞起来。

尽管有些出乎意料,但随着时间的推移,蒸汽动力的样机确实成为更可行的选择。1877 年,在米兰的一处公园,恩里科·弗拉尼尼(Enrico Forlanini)设计的蒸汽动力直升机升上了十三米的高空,并盘旋了二十秒钟——那是一架极其轻巧优雅的飞机,具有织物制成的反向旋转帆翼。克莱门特·阿德(Clément Ader)在 1890 年发明了一种机械蝙蝠,它由一个四汽缸的蒸汽机提供动力,带动一台四叶牵引式螺旋桨。在飞越一百五十英尺距离的过程中,它上升到了八英寸。先不要笑:在莱特兄弟之前,阿德——此人恰好正是立体声广播的发明者——就像我之前提到的那样,在接下来的整整十三年间,继续致力于重于空气的载人飞行器的研究。这些飞行器看上去就像蝙蝠侠电影中的概念草图(然而,如果说他取得的成就完全被人忽视,原因就在于他所有的公开演示均以失败告终)。

等到奥维尔·莱特和威尔伯·莱特开始密切关注飞行时,人们已经清楚地知道仅靠强大的发动机将人送上天空是不可行的。我们需要的是更好的机翼。

奥维尔和威尔伯跑遍了俄亥俄州代顿市的多家自行车行。他们不赌博,不吸烟,不酗酒,也不玩弄女人。他们并不热切期望娱乐活动,也不想找乐子。他们拥有彼此。威尔伯在 1912 年写道:"当我们还是幼童的时候,我弟弟就和我一起生活,一起玩耍,一起工作。事实上,我们总是在一起。我们通常共享玩具,分享所有的想法和期待;因此,我们人生中取得的所有成就都是两人共同协商、互相建议、一同讨论的结果。"

自从父亲某次出差把一架玩具直升机带回家后,兄弟俩就被飞行这个主意迷住了。这个由软木、竹子和纸做成的玩具直升机由橡皮圈驱动,能够飞到五十英尺的空中。这绝对是个奢侈的玩具,因为兄弟俩的玩具通常是他们的母亲苏珊亲手制作的。苏珊的父亲靠制作马车为生,因此,苏珊觉得做些简单的家庭用品是再正常不过的事情了。她的举动为兄弟俩日后对机械学产生狂热兴趣打下了坚实的基础。

当时,莱特兄弟对于飞行的痴迷并不显得异常和奇怪。相反,他们生长的年代,本身就充斥着各种新兴的工程思想和新材料,载人飞行的可能性堪称呼之欲出。如同今天的年轻工程师们沉迷于登山和滑翔翼一样,莱特兄弟对新技术的热爱将他们引向了那个时代最尖端的技巧运动:自行车。自行车当时正在改变美国小镇的生活方式。奥维尔和威尔伯热爱这项运动,并且颇有名气。如果他们一直从事这项事业,日后大有可能在自行车运动

克莱门特·阿德的"蝙蝠"是由蒸汽机驱动的。这个设计距离成功仅一步之遥。

历史上留下浓墨重彩的一笔。然而,他们听到了一个人死亡的消息。

威尔伯在 1901 年回忆:"我对飞行问题产生浓厚兴趣的时候,恰逢 1896 年李林塔尔去世。"他当时正为感染伤寒而卧病在床的弟弟——事实上,病得非常严重——阅读报纸,然后就看到了一则关于滑翔机先驱奥托·李林塔尔逝世的报道。

在十九世纪研究飞行问题的所有先驱中,李林塔尔无疑是重量级的代表人物。从童年时期开始,这位德国工程师就一直沉迷于鸟类的飞行,而这种兴趣变得愈发成熟,最后使他写出了历史上最具影响力的关于飞行理论的出版物:《鸟类飞行——航空的基础》(*Birdsflight as the Basis for Aviation*)。李林塔尔的著作出版于 1889 年,包含了大量关于不同种类机翼有效性的原始数据。尽管此书多年来未被译成英文版,但是书中的表格和数据,经由私人间的通信,在全世界的飞行先驱中得到了广泛的交流共享。

李林塔尔还是一名勇于实践的发明家。短短六年时间里,他驾驶过十六种滑翔机,先后进行过两千多次飞行,而且每次都从不同地点起飞,其中包括他自己在柏林附近建造的人工山丘。基于他对鸟类——尤其是鹳鸟——飞行的研究,他设计的滑翔机从外形上看,大致就是现代悬挂式滑翔机的原型。但是,它们有一个关键性区别(也许我应该称之为致命性的区别):李林塔尔把滑翔翼放置于肩膀上,而不是悬挂在腰下。如果滑翔翼向上仰起,他就把双脚向前伸。如果右翼抬起,他就把体重压向右边。这听上去似乎令人不安,事实上的确如此。1896 年 8 月 9 日,李林塔尔从十七米的高空掉落,摔断了脊椎。他保持着清醒,刚好撑到被吓坏了的救援人员赶过来的时候。他留下一句"总要有人牺牲的"。第二天,李林塔尔去世了。

在这场惨剧发生后不久,莱特兄弟又发现了另一则讣告。这一次,报纸报道了英国最伟大的滑翔翼先驱——苏格兰人帕西·皮尔彻(Percy Pilcher)——去世的消息。作为奥托·李林塔尔的追随者,帕西驾驶"黑鹰"滑翔翼在英国莱斯特郡斯坦福大楼附近的空地上滑翔了八百英尺,从而保持了一项距离方面的世界纪录。为了拉到潜在的赞助商,他驾驶着尚处于实验阶段的三翼机升空飞行。后来机尾突然折断,帕西从三十英尺的高空摔了下来,最终身亡。新闻报道说:尽管动力飞行的未来曙光乍现,但现在我们又要进入暂时的悲剧性的延缓期了。

奥托·李林塔尔的滑翔翼受到了飞行中鸟类动作的启发。

看完这两篇报道后,莱特兄弟陷入了沉思。首先是奥托·李林塔尔,现在又是帕西·皮尔彻。他们都遭遇了几乎同样的致命性灾难。是不是这些伟大的先驱都忽略了一些关于飞行本质的关键要素?莱特兄弟没有受过正规教育,但是他们从小生活在一个充斥着书本和杂志,同时缺乏些许温馨与舒适的家庭。兄弟俩拥有足够的自信,如果他们对某事不甚清楚,就会打破沙锅问到底。他们头脑敏捷,不知疲倦地探索着知识。

1899 年 5 月,威尔伯写信给史密森尼学会,要求获取飞行技术方面著作的阅读列表,并向收信人保证他是"一个狂热分子,但却不是一个怪人"。结果,他收到了一整箱的周刊和论文,都是由慷慨的学会助理秘书理查德·拉斯本(Richard Rathbun)搜集的。这些论文中就包含了美国工程师奥克塔夫·陈纳(Octave Chanute)的几篇文章,他后来对莱特兄弟的事业给予了莫大的支持。

读完这些文章之后,莱特兄弟发现了李林塔尔和皮尔彻事故的原因。他们俩都试图设计出本身非常稳固的滑翔翼。结果,他们都没有真正建立起自己的飞行控制体系。

莱特兄弟深知这样做大错特错,因为他们了解自行车的运行原理。他们知道,自行车骑得越快,车体本身也会越稳定。此时如果突然刹车,你就会向前翻倒。自行车本身并不稳固,然而一旦进入运动状态,它们对于骑手的动作和调整都会当即作出反应。莱特兄弟的突破就是设想出一架和自行车一样工作的飞机,它本身不具备稳固性,但是对操作者的每一个动作都能敏锐地作出回应。

莱特兄弟跟奥托·李林塔尔以及其他的先驱一样,花费了大量时间观察鸟类飞行。通过长时间的亲身观察,他们发现了自己成功的关键要素。他们注意到秃鹰是如何处理突然而至的狂风的:它们调整翅膀的尖端,将一边翅膀的尖端降低,同时升高另一边,以此保持稳定性。据说,在 1899 年 7 月的某天,威尔伯正拿着一个用来包装自行车内胎的小纸盒到处晃荡。这时,他突然想到:如果将纸盒各面加以扭曲,肯定有一面的角落往上抬,而对面的角落往下降。威尔伯想象盒子在空中飞行的情况时意识到,如果盒子受到扭曲,盒子周围的气流一定也会发生改变,从而导致盒子像秃鹰一样在空中倾斜。在他的设想中,手中的盒子已经不再是盒子:它是一只翅膀——而他手中掌握着的,正是历史上首个飞机控制台!

这是一个灵光乍现的时刻，我有必要详细解释一下。首先，我最好讲讲在水平飞行中翅膀是怎样让身体、飞机或者鸟类保持在空中的。

把气球吹鼓，然后把开口系紧。用力挤压气球。这时你会发现，气球内部的空气在抗拒你。你越是往内部挤压，你要用来挤压的力气越大。这是因为你正在增加气球内部的空气压力。事情就是这么显而易见——如果你认为无论何时用这种方法挤压流体，其压力都会升高，也是可以原谅的。但这条规则有一个例外情况，荷兰数学家丹尼尔·伯努利（Daniel Bernoulli）在1738年提出了这一点，这也是鸟——还有飞机——能够停留在空气中的原因所在。

伯努利的例外情况和流体的运动方式有关，而且用水来演示比用空气演示更加容易。（请注意：尽管水的质量比空气重，但空气和水都是流体；他们都遵循着同样的物理规律。）打开花园的喷水软管，在软管上选择一处位置，然后进行挤压。这一次，软管越收缩，就越容易挤压。

事情就是这样的。某种物体——在这样的情况下，该物体就是水泵，它维持着水龙头里面的总水压——给予水通过软管所需的能量。一部分能量把水向前推，一部分能量将水推向软管壁。（如果你刺破软管，水会立即喷涌而出。）水的流动是稳定的；同样数量的水正从软管各个部位流过。如果你用力捏住软管，水必须加快速度通过瓶颈部位。于是，更多的能量被用来推动水向前流动，这就意味着将水推向软管壁的能量减少了。因此，挤压软管，软管壁所受的水压就会减少。

让我们切入正题，看看翅膀的横截面。（这里可以是鸟的翅膀，也可以是飞机的机翼；这对我们来说没有区别：它们的工作原理都相同。）在图中，气体从左至右碰撞翅膀。翅膀对从它上面流过的气体进行挤压。气体加快移动速度以补偿挤压的作用，导致翅膀表面的气压降低。就这样，飞机和鸟类被吸入了空中。

这就可以解释该如何在风平浪静的天气里进行水平飞行了。但如果是在狂风暴雨的天气里，那又要怎么解释呢？要是左边翅膀上方的空气比右边翅膀上方的空气吹得更加猛烈呢？如何在真正的、不可预计且持续移动的空气中保持水平飞行？这时，威尔伯的硬板纸箱就可以大显身手了。

如果你逐渐地将翅膀前端向下弯曲，那么，对于经过翅膀上方的空气的挤压力便将增加；这样，翅膀上方的气压就会降低，翅膀因此上升。如果你

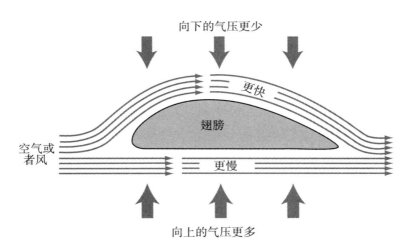

向下的气压更少

更快

翅膀

空气或
者风

更慢

向上的气压更多

运动中的翅膀将自身载重分散到了空气当中——
这一构想包含了丹尼尔·伯努利 1738 年首次提出的理论所给与的一点启发。

同时逐渐抬高另一边的翅膀前端，那么对于经过这边翅膀上空的空气的挤压力就会减少，翅膀于是下降。奥维尔和威尔伯证实了这个理论，他们用控制绳来扭曲处于飞行中的箱型风筝的两侧，就如同威尔伯扭曲硬板纸箱一样。结果恰如他们的预料，拉动控制绳后，风筝会翻滚向一侧或者另一侧。后来，在添加了一个可移动的方向舵后，这种"翅膀弯曲技术"使莱特兄弟的飞行器得以毫不费力地在天空中优雅地飞行……但是，我有些忘乎所以了。

莱特兄弟的风筝实验开始于 1899 年，但他们总觉得风力不够强劲。于是威尔伯致信美国气象局，对方告诉他们，最好的做法莫过于将实验地点移至位于北卡罗来纳州沿岸狭窄海滩上的小村庄基蒂霍克。

1900 年 9 月末，奥维尔·莱特写信给他的姐姐："我们无法对实验地点有什么抱怨。我们此行就是为了找到更强的风沙，现在我们找到了。"随着狂风和沙子而来的还有蚊子。它们的到来"成为我们人生中最悲惨经历的开端"。奥威尔抱怨："蚊子隔着我们的内衣和袜子吸食血液，我们身上到处都是包，就像母鸡一样。"更糟糕的是，基蒂霍克的楼房数量极少，莱特兄弟无处租房，只得住在帐篷里。

一开始，他们驾驶着原型滑翔翼从十二英尺高的铁架塔上起飞。后来，他们发现此处风力过强过猛，只得放弃高塔，就像他们平时放风筝一样从地面起飞。到了 1902 年 10 月底，奥维尔和威尔伯已经成为出色的原型滑翔翼驾驶员了。附近的小山丘有个吓人的名字——"杀人狂魔山"（Big Kill Devil Hill）。兄弟俩在此起飞，滑翔翼每次都成功地载着两位驾驶员飞上数百英尺的高空。于是，他们觉得时机已经成熟，应该给滑翔翼加一台发动机了。

他们决定建造自己的超轻发动机，并将这项任务交给在他们自行车行工作的年轻机械师查尔斯·泰勒（Charles Taylor）。泰勒接受了挑战。他去掉了所有可以去除的零件。泰勒后来回忆："曲柄轴是从一块重量超过一百磅的钢块上切下的。等到这个步骤完成时，整个滑翔机的重量约为十九磅。"泰勒的四缸发动机使用自行车链条来带动两台逆转螺旋桨。莱特兄弟计算出两台缓慢旋转的螺旋桨会比一台高速运转的螺旋桨更有效率；而且他们让螺旋桨反向旋转，这样发动机的旋转就不会扭曲飞机的框架了。

在泰勒改进发动机的同时，莱特兄弟正着手改进螺旋桨。可是，设想很容易，真正实践起来却很困难。莱特兄弟认为，一定会有能够解释船只螺旋桨形状的数据和图标，这样他们就可以通过改进数字，设计出完全符合空中

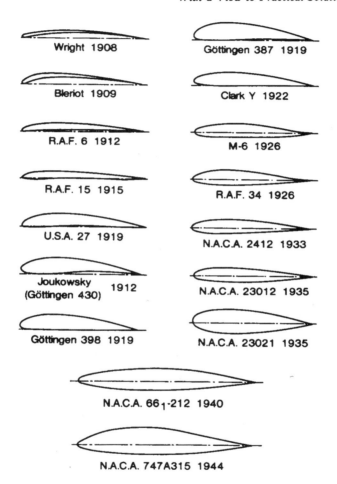

Wright 1908

Blériot 1909

R.A.F. 6 1912

R.A.F. 15 1915

U.S.A. 27 1919

Joukowsky 1912
(Göttingen 430)

Göttingen 398 1919

Göttingen 387 1919

Clark Y 1922

M-6 1926

R.A.F. 34 1926

N.A.C.A. 2412 1933

N.A.C.A. 23012 1935

N.A.C.A. 23021 1935

N.A.C.A. 66_1-212 1940

N.A.C.A. 747A315 1944

机翼的演变:这张图表总结了四十年间的机翼设计。

莱特兄弟——奥维尔（前面）和威尔伯——正在基蒂霍克放风筝。

飞行要求的螺旋桨。然而事与愿违,从来没有人针对船只螺旋桨的形状进行过细致研究;它们只是在历经几十年的实际应用后自然得到发展的!莱特兄弟别无选择,只好自己研发螺旋桨。

螺旋桨也是一种移动的翅膀。它在叶片前方创造出真空环境,在叶片后面创造出高压区域,以这种方式运作起来。就像奥维尔抱怨的那样,让设计变得复杂的因素在于"螺旋桨,以及螺旋桨在其中运作的媒介都无法暂时地静止不动"。

试想你要计算出螺旋桨叶片上每一点的速度,但是却无从得知发动机应该以多高的速度运转,你甚至还不知道螺旋桨叶片应该有多长!在经历了无数次漫长复杂的争执不下以及无数个不眠之夜后,莱特兄弟最终设计出了令人惊艳的螺旋桨。后人评价,这种螺旋桨的全部叶片都无比自然流畅,犹如精心喷涂过的浮木。

事实上,人们对莱特兄弟的整个发明都给予了高度评价。雕塑家格曾·波格鲁姆(Gutzon Borglum)——此人后来接受了拉什莫尔山总统雕塑群的工作——描述:"这个设计如此简洁,以至于让我感到愤怒。尽管有些难以置信,但看过它之后,就会觉得这种螺旋桨在空中显得相当自然。我感到惊奇的是前人竟然没有想到过这个设计。"

1903年12月17日,周四,这架滑翔机迎着时速三十英里的凛冽寒风,从"杀人狂魔山"的起飞点出发,它将载着奥维尔飞向天空,也将飞入史册。莱特滑翔机以每小时六英里的地面速度起飞,颠簸了一阵子,随后爬上了天空。整个飞行时长十二秒,飞越了一百二十英尺的距离。

这就是史上第一架飞机。而这只是一个开始。

莱特兄弟制作的螺旋桨。

第四章
黄金年代

我与众不同的生活方式和工作领域,让我有机会搭乘过所有人类可以想象得到的飞行器——无论是滑翔机还是飞艇,抑或大型高速飞机。我曾在双翼机的机翼上行走,也曾通过一条厚木板从一个热气球跨到另一个热气球。我曾怀揣着成为飞行者的梦想,从布莱顿码头猛冲下来,尽管这一尝试并不是很成功。我曾在"反叛的亿万富翁"(*The Rebel Billionaire*)这档节目中把一个幸运的选手带到绳梯上,并爬上了气球气囊的顶部;我们在一万英尺的高空中喝茶,悠闲地观赏看似碗形的地球。我驾驶过军用机,也操作过热气球,甚至在为期数月的时间里,担任史蒂夫·福塞特驾驶的"维珍大西洋环球飞行者号"的替补飞行员。

在我看来,要选出一种最喜欢的飞行工具几乎是不可能的。有些飞机在你的脚下轻微颤动,仿佛它们有自主的生命一样;有些飞机能异常平稳地飞行,以至于当你一旦感受到极小的震动,就会出于安全考虑而使其停飞。我曾以几倍于音速的速度飞行,却未感到任何不适;然而,我站在二十英尺的高度,却反而会害怕到想吐。经历过如此之多,实在难择其一。

当然,我能很快列举出我最喜爱的时刻。举例来说,我曾经乘坐红箭飞行表演队的引航机,与其他飞机飞得极近,这是一种梦幻般的体验,以至于我感觉只要一伸手就能碰到它们。还有一次,我驾驶一艘刚修理好的多尼尔飞艇在温尼贝格湖降落,在飞艇接触湖面的头几秒钟,我感觉像是接触到了水泥地一样。

这些经历教会了我一些与飞行历史有关的重要东西,以及应该如何保存这些历史。飞机发明出来,就是用于飞行的,也是用来让人们看到它们飞行的。保养旧飞机耗资巨大,而驾驶这些旧飞机有时会很危险。即使心怀最诚挚的愿望,我们也不可能保存所有与其制造相关的技术、知识和见解。然而,我相信,如果我们想要保存旧飞机,那么所有的努力,都应该是在让飞机保持使用状态的同时来进行。说来也怪,回头看时,我承认自己特别偏爱乘坐"喷火"战斗机(Spitfire)的那一天——至于为什么说奇怪,是因为那次飞行的大多数时间里,我的头上都套着一个袋子。

2003年,美国的探索频道摄制了一系列电视节目,并在全国范围内展开一场民意调查,庆祝动力飞行的百年诞辰。他们邀请了许多名人,为各自最喜爱的飞行器做宣传,而我的工作就是赞美"喷火"战斗机。为此,我事先写好了演讲辞,准备对着驾驶舱摄像头进行发言。最后,我强忍着阵阵作呕,勉力发表了我的讲话。等我降落到地面,已经面色苍白,浑身颤抖,同时对自己仍然活着的事实心怀感恩。接着,我就发现鼻子下面还有个话筒——"对这趟飞行感觉开不开心?"我觉得"喷火"能在民意调查中获胜,当然,我对它做的宣传其实完全没起什么作用。

那次飞行最引人注目之处,便是飞行员的阵容。"喷火"战斗机和莱特兄弟当时的飞机状况十分相似——它们本身是不稳定的。如果飞机在空中胡乱冲刺,你就会产生控制它们的欲望;可是,一旦你失去勇气,或者突然减速,"喷火"就无法继续保持飞行状态了。这种感觉几乎与驾驶赛车一样令人亢奋,也一样无情。

飞机表现的优劣与飞行员休戚相关,即使是在有机载飞行电脑的喷气式客机上,情况亦是如此。这些计算机中保存着长达一个世纪的飞行历史。这就是为何虽然飞行器本身很重要,但飞行的历史其实是关于人的历史。我们无法保存早期飞行先锋者的精神,却可以在新一代飞行员的身上培养这种精神。我认为我们的培养工作做得很好,关于这一点,我会在下一章中进行解释。早期表演飞行员的先锋精神仍然伴随着我们。

当然,二十世纪早期是一个特殊的年代,也是一个无可复制的年代,因为当时没有人知道这项伟大的新技术会如何发展。人们对飞行特技表演表现出极大的热情。这些特技表演不仅能证明飞机的性能,而且促进了航空邮政服务的发展,还获得了不少奖项,并为电影提供了片段,训练了军事飞行员——前述种种都同时发生了!那时候,经营航空飞行只限于两到三家公司,参与者寥寥可数,场地也只有几十处。随后,飞行领域的重大突破以及令人胆寒的飞行事故横扫了每一份报纸和每一部新闻纪录片。从二十世纪早期到第二次世界大战,航空为每个人都提供了无数机会——至少是一种承诺。获得名声、成功、财富、知识、创新的满足感,以及见到别人从未见到的东西的机会。有了这些目标,黄金年代的飞行员们聚集到一起,许多杰出的团体得以诞生——有飞机制造商,有深入乡间的巡回演讲团,有航空公司,还有实验性的协会。投身其中的人们,谋生不易,甚至落得惨死的结局。英格兰汽车先驱查尔斯·劳斯(Charles Rolls)于1904年与弗雷德里克·莱丝(Frederick Royce)合作,创立了世界上最伟大的航空工程公司之一。在1910年的一次飞行表演中,劳斯驾驶的莱特飞行器尾部出现故障,他也在这次飞行事故中不幸丧生,享年三十二岁。不过,在飞行事故的伤亡人员名单中,他既不是第一位,也不是最年轻的一位遇难者。

由于飞行员能够控制莱特飞行器的飞行过程,因此他们每次飞到空中后都会有新发现。他们不仅是在测试飞机;他们正在学习如何飞行。他们学得很快,几乎每次离开地面都会打破自己的纪录。1908年9月3日,奥维尔在迈尔堡为美军试驾一架新型莱特飞机。他成功完成了绕阅兵场一圈半的飞行,可是飞机在着陆时坠毁。9月8日,他每次都能飞十分钟。第二天,他在57分30秒内连续飞行了52圈,打破了哥哥四天前在法国创下的纪录。就这样,飞行纪录不断被刷新——直到9月17日,他与年轻的陆军军官、一位热衷于飞行的航空先驱汤姆·塞尔弗里奇(Tom Selfridge)在125英尺的高空飞行时,飞机的两个助推器之一突然开裂,割断了一条支索。飞机的方向舵散架了,两人坠向了地面。塞尔弗里奇身受重伤,并在几天后死去,而同样伤痕累累的奥维尔则在痛苦中度过了余生。

莱特飞机之后的命运也许会让读者感到飞行的残酷性。兄弟俩的专利几乎涉及了有翼飞行的所有方面,但又太过泛泛,很难自我捍卫。莱特兄弟把飞机场改造成了律师事务所,开始打一场注定会输掉的飞机专利权争夺战,这场争夺战让他们逐渐远离了受他们飞行精神激励的年青一代飞行员。格列·柯蒂斯(Glenn Curtiss)是一位不屈不挠的工程师,他不愿继续骑着自己发明的摩托车(没有刹车)去打破世界摩托车行驶速度的纪录(时速136英里)。他在1906年首次见到莱特兄弟,后者激发了他对航空的兴趣。然而,不久之后,莱特兄弟将会对他提起诉讼。这件事是载人飞行诞生史上一个苦涩的产物。

格列·柯蒂斯在飞行中:有人说,相比于莱特兄弟,
他为航空事业做出了更多贡献。

1907 年 9 月 30 日,柯蒂斯成为创立"航空实验协会"(Aerial Experiment Association)的成员之一;创办人还包括电话发明者亚历山大·格雷姆·贝尔(Alexander Graham Bell),贝尔如此描述这项事业:"一个合作的科学协会,目标不在于获利,而是出于对艺术的热爱,而且尽我们所能地互相帮助。"

莱特兄弟并不看好他们的事业。在柯蒂斯开始制造名为"副翼"(ailerons)的用于控制飞行方向的辅助翼时,莱特兄弟恶言相对。他们宣称,在 1906 年关于翘曲机翼(wing – warping)系统的专利中,他们描述了"翻转控制"(roll control)的其他可行系统,包括副翼。

尽管他们的陈述的确是事实,却几乎无助于飞行事业的发展。整个世界都期盼着飞行,而莱特兄弟却只对维护他们的专利感兴趣。因此,他们拒绝了许多飞行展示、竞赛甚至颁奖的邀请,在无数的法律纠纷中迷失了自我。最后,一位联邦官员指控他们一手导致"美国在伟大的航空国家中,从第一名跌倒了最后一名"。莱特兄弟的确可以找到法律做后盾,但是,他们其实完全可以追随卡纽特大帝,让诉讼的浪潮不要滚滚而来①。在此期间,航空实验协会制造了一架又一架飞机。柯蒂斯继续着自己的事业,成为第一代美国飞机制造商中最成功的一位。

第一次飞机跨海航行是在 1909 年 7 月 25 日进行的,路易·布莱里奥(Louis Bleriot)飞越了英吉利海峡,赢得了《每日邮报》的 1000 英镑奖金。而在此前 124 年,布兰卡德和他的赞助者约翰·杰弗里斯躲过了落水的命运,成功地乘气球飞越了英吉利海峡。

布莱里奥是一位飞机制造者。在那个时代,他设计了一些相当危险的机器,但他也是首位造出可用单翼飞机的人。"它不漂亮。"一位记者说,"飞机很脏,饱经风霜,但它看起来极其实在。"这架飞机的时速是四十英里,可在离水面 250 英尺的高空飞行,正如记者所说的那样。直到 1927 年,也就是查尔斯·林白独自横跨大西洋的那一年之前,没有任何一次飞行能比这架单翼飞机更有冲击力。国家边界——即使是那些因地形地势而形成的国界——在那一天失去了意义。

---

① 卡纽特大帝(King Canute),11 世纪统治英格兰、丹麦、挪威及瑞典部分地区的一名维京国王,曾命令浪潮停下。——译注

他很担忧，这是可以理解的：路易·布莱里奥乘着自己制造的单翼机起飞了。

布莱里奥以微弱优势胜出,赢得了《每日邮报》的奖金——十二天前,他的同胞休伯特·莱瑟姆(Hubert Latham)也做了三次尝试,均以飞机坠落告终。莱瑟姆拿着烟嘴,戴着格子软帽,穿着时髦的衣服,作为欧洲蛮勇型飞行员的代表人物,很受欢迎。莱瑟姆出生于巴黎一个富有的亲英派家庭(他有英国国籍,虽然从未在英国住过),他将自己的大笔财富用于令他着迷不已的冒险。也许他没能独自飞越英吉利海峡,但后来终究和表弟雅克·弗雷(Jacques Faure)一起完成了飞越。他还参加赛车和汽艇比赛,担任过非洲狩猎旅行队的队长。令人扼腕的是,他在这次狩猎旅行中被野牛攻击,不幸身亡,年仅二十九岁。

　　布莱里奥和莱瑟姆的赫赫声名反映出法国人对载人飞行的无比热衷。1910 年,法国的持证飞行员人数是美国的三倍还多,而且大多数飞行员本身就是发明家和设计师。布莱里奥一人就制造了四十五架实验飞行器,包括可乘载八位乘客的“空中客车”。到 1913 年,他的飞机制造公司在国内已拥有三十三个竞争者。

　　法国的黄金年是 1913 年。那时法国比别的国家飞得更高、更远、更快。那年岁末,飞机的最高速度达到了每小时 125 英里,该纪录由法国人马赛·普雷沃(Marcel Prévost)创造,而他的同胞埃德蒙·佩列昂(Edmond Perreyon)也创造了一项新的纪录——19281 英尺的高度。1913 年,运动员罗兰·加洛斯(Roland Garros)乘坐一架法国单翼飞机飞越地中海,埃莱娜·迪特里厄(Hélène Dutrieu)——自行车比赛和赛车比赛的世界冠军——因为她对航空做出的贡献而被授予法国荣誉军团勋章(Légion d’honneur)。阿道夫·佩古(Adolphe Pégoud)成为世界上第一位空中技巧运动员,以绕圈飞行、环绕飞行和其他特技吸引了成千上万的观众。

　　但是,仔细查看一下数据,你就会发现一件事:到 1913 年,德国人在航空飞行上花的资金已经超过了法国人。到第一次世界大战爆发时,德国人开始逐渐习惯在天空翱翔了。

德国战斗机飞行员曼弗雷德·冯·里希特霍芬(Manfred von Richthofen)作为“红男爵”而被后世所熟知。在赢得了八十次空中胜利后,他成为一战期间德国飞行高手中最成功的一位。作为一名富有的贵族成员,他的飞行生涯起步较晚。年轻时,他对赛马和狩猎更感兴趣,尤其热衷

比利时女飞行员埃莱娜·迪特里厄赢得了很多奖项，
名垂青史，并有了一个绰号:鹰女。

于跟兄弟洛塔尔（Lothar）和波尔克（Bolko）一起追猎野猪、麋鹿、鸟和鹿。

战争开始后，他担任骑兵侦察官。"对于我们飞行员的活动，我完全一无所知。"他后来回忆，"有一次，我看到了飞行员，当时就感到十分激动。当然，我完全不知道这位飞行员到底是德国飞行员还是地方飞行员。"机关枪和铁丝网使传统的骑兵行动变得不可能。里希特霍芬的手下被征募到步兵部队中，而他们的指挥官则开始四处寻找其他"勇猛"的行动。几周时间内，侦察行动已经发展到在空中进行了，而里希特霍芬签字加入了这个行动。

在战争的头几个月，战争双方的飞机都没有武装，飞行员只需对付来自地面的炮击。然而，1915 年，为德国人工作的荷兰飞机制造者托尼·福克（Tony Fokker）发明了一种传动系统，该装置可以旋转着在飞机推进器的叶片之间发射机关枪子弹。德国的福克单翼战斗机让德国人一度占据上风。但是，英国的推进式双翼机（这种飞机的推进器被固定在后段机身上）和法国的尼厄波尔 11 号却是其有力的竞争对手。当然，还有很多其他型号的飞机；但总体而言，双方势均力敌。空战的胜利对飞行设备的依赖较少，更多地要依靠飞行员的个人品质和才能。与地面战争不同，空中作战更像是格斗。

里希特霍芬花费了不少时间才逐渐适应飞行产生的尘垢与不适感。"推进器的气流是非常讨厌的干扰。我发现，要想取得导航员的理解几乎是不可能的。强风把东西吹得到处都是：如果我拿起一张纸，它立马就会消失；安全头盔也会被风吹走；厚围巾掉了；夹克衫也扣得不够紧。总之，我感到十分不适。"

战争中使用的战斗机飞行速度极快，最高可达每小时 100 英里左右。一旦着火（这种事经常发生），它们就会像易燃的碎木片一样烧毁——其实它们主要就是由木片构成的。有些飞机容易操纵。英国飞行高手塞西尔·刘易斯（Cecil Lewis）的教练曾命令他将飞机保持在 5000 英尺的高度，然后尽可能地随意折腾："无论你在空中是仰卧还是侧卧，飞机总会回到原来的姿势。"

1915 年，刘易斯为参加皇家飞行军团而谎报了自己的年龄。当时，他已经长得人高马大（六英尺三英寸），几乎无法挤进飞机驾驶舱内的狭小空间。培训初期，英国飞行员在西部前线的平均存活时间仅为三周。他喜欢飞行本身，而且写了一部精彩的回忆录，名为《上升的射手座》（*Sagittarius Rising*）。从空中看，彩虹不是一条弧线，而是一个完美的圆圈。你可以下

曼弗雷德·冯·里希特霍芬和他的父亲，
他正炫耀着几乎令他致命的头部创伤。

潜,然后翻转去看你的飞机在云中的影子。黄色的芥气"像美洲狮一样在伤痕累累的地面上爬行,盘旋着潜入掩护壕,被风随心所欲地卷起又放开。"

在第一次世界大战结束后,刘易斯受雇于威克斯公司,负责教中国人驾驶飞机。随后,他与一位俄国将军的女儿结婚,并和他人共同创立了英国广播公司。

里希特霍芬就没那么幸运了。在他的敌人看来,他无疑是飞行领域的头号危险人物。他改变了战斗的规则,这让他的飞行中队"加斯塔 11 队"的战士们变成了活着的传奇。为了在混战中分清敌我双方,"加斯塔 11 队"将己方飞机涂成鲜红色,以"飞翔的马戏团"的形象为人们所熟知。

1917 年 7 月 6 日,里希特霍芬头部受重伤。在他身体恢复期间,来自德国宣传部门的一位作家代笔撰写了里希特霍芬的自传。这本名为《红色战斗飞行员》(*The Red Battle Flyer*)的自传令人振奋,但其中的傲慢口吻让人难以忍受——这让里希特霍芬感到尴尬不已。

"红男爵"于 1917 年 10 月回到战场,但是因为头部创伤,他好像变成了另一个人。他不时出现呕吐感、头痛、情绪不稳定等症状,这很可能最后导致了他的死亡。他在索姆河附近的莫兰角(Morlancourt)追赶一架加拿大飞行员驾驶的飞机时,被炮弹击中,机毁人亡。

在莱特兄弟进行首次飞行表演的几年内,公众都希望看到更多的飞行表演。他们目睹了无数次起飞和降落。他们想要看看这些奇怪的机器到底能做什么。

飞行表演的驾驶员会为他们的表演飞行侦察合适的空地,然后从邻镇上方飞过,并扔下广告单。美国早期的"巡回演出飞行员"赚了很多钱。一次特技飞行表演可以让你在一天之内赚到 1000 美元——比这个国家年均收入的两倍还多。问题在于,你要活得够长,有时间去花这些钱。"当风很大的时候,没有人想要飞行。"巡回演出飞行员贝克魏斯·黑文斯(Beckwith Havens)回忆,"但是,群众会要求你飞行。计划规定你要在两点半飞行。嗯,可能那时风很大。你总是要关注风的大小,你知道——看看烟雾,看看旗子或者晾着的衣服在往哪个方向飘动,关注所有和风向有关的事。我现在还会这么做。"

到 1911 年,已有一百多人死于飞机失事。在今天看来,人们愿意接受这

贝西·科尔曼是第一位非裔美国女飞行员。

种冒险的行为是令人费解的;但在当时,很多其他因素同样可以夺取你的生命。勇士查尔斯·汉米尔顿(Charles "Daredevil" Hamilton)从六十三场飞机失事中幸存,却在二十八岁年纪轻轻便死于肺结核。

第一次世界大战后,普通人开始有机会接触到战后遗留或者退役的飞机。在美国,单次要价五百美元的飞行课程总会配备一架免费的双翼机,二手引擎的售价只需七十五美元。喜欢冒险的业余飞行员辗转于各个城镇,在乡县集市兜售乘机体验,每次要价五美元。当时甚至出现了航空测绘、空中写字和用飞机喷洒农药等行当。(陆地农药喷洒员 1924 年开始用飞机喷洒农药;后来他们成为达美航空公司的一部分。)不过,正如一名飞行员所说,这类营生最大的危险在于"很可能会饿死"。

巡回演出飞行员的生活并不容易,但造就了不少强悍的飞行员;其中,没有人能比贝西·科尔曼(Bessie Coleman)还要强悍。贝西·科尔曼出生于 1892 年,后来搬到了芝加哥,逃脱了乡村的贫穷生活,成为一名美容师。她受到法国女飞行员特里萨·佩尔蒂埃(Thérèse Peltier)和第一位获得飞行执照的女性埃利斯·雷蒙德·德罗什(Elise Raymonde Deroche)的激励,前往法国学习飞行。回到美国后,贝西·科尔曼已与过去截然不同,她如今是"贝西女王——飞行女勇士"了。她参与各种飞行表演——有时与出生于牙买加的飞行员兼跳伞者、绰号"哈莱姆黑鹰"的山姆·方特勒罗伊·朱利安(Sam Fauntleroy Julian)一起飞行——还给别人做飞行讲座。最终,她死于 1926 年的一场飞行事故。

佛罗伦斯·巴恩斯(Florence Barnes)与之不同。自佛罗伦斯在 1901 年 7 月 22 日出生时,她就已经在飞行上占据先天的优势了:她的祖父萨迪斯·罗威(Thaddeus Lowe)在美国内战期间成立了联邦军气球兵团(Union Army Balloon Corps),成为美国的航空先锋。佛罗伦斯是个难以驾驭的假小子,十八岁时被迫嫁给了南帕萨迪纳市的 C. 兰金·巴恩斯牧师(Reverend C. Rankin Barnes)。这次父母安排的婚姻让她和丈夫凑合着过了九年,之后两人劳燕分飞。她抛弃了丈夫和女儿,扮成男人,偷乘一辆开往墨西哥的货车,最后在一艘香蕉船上找到工作,并挣得了"潘乔"(Pancho)这个标准的雄性外号。

四个月后,潘乔回到家,总算让家人舒了一口气,但这种轻松只是暂时的。几周后,她在开车带表妹去上飞行课时,学习飞行的念头钻进了她的脑子里。六小时后,她就能一个人飞行了。

"捣乱分子":佛罗伦斯·"潘乔"·巴恩斯为霍华德·休斯做飞行表演。

潘乔开始"扰乱"前夫每周日早上的教堂集会。感到厌倦后，她开始了巡回演出飞行，并参加航空比赛，打破了艾米利亚·埃尔哈特（Amelia Earhart）创下的世界女子飞行纪录——在一次低空飞行中时速超过了196英里。她还去了好莱坞，成为女特技演员。我们可以在霍华德·休斯斩获奥斯卡奖的航空冒险影片《地狱天使》中看到她飞快闪过的镜头。

她刚好赶在经济大萧条之前，花光所有的资产购买了加州莫哈韦沙漠"三月空军基地"附近的一大块土地。她在那里创立了自己之后投身的事业——"快乐骑马俱乐部"。这是一个度假牧场和酒店，为附近穆罗科机场的飞行员提供服务。在接下来的几章，我们会讲到这些飞行员：测试飞行员查克·耶格尔（Chuck Yeager），以及宇航员巴斯·奥尔德林（Buzz Aldrin）。

不是每个巡回演出飞行者都是飞行员。1908年，在北卡罗来纳州罗利市的州集市上，当查尔斯·布罗德维克（Charles Broadwick）披着降落伞从气球落到地上时，狂欢的人群为他热烈庆贺。布罗德维克是将降落伞包裹起来放在可穿戴容器内的早期跳伞者之一，此举使跳伞成为可能。

在当天的观众中，有一位名叫格鲁吉亚·安·汤普森（Georgia Ann Thompson）的十五岁单亲妈妈。她十二岁结婚，十三岁就当了妈妈，后被丈夫抛弃。格鲁吉亚是一位纱厂工人，可以说，她已经没什么可失去的了。她和查尔斯·布罗德维克所在的团体"世界著名气球驾驶员"联系上了，而她的母亲也同意她这么做，并祝福她取得成功。

格鲁吉亚只有四英尺高，经常被称为"洋娃娃女孩"。她很快就受到了全国人民的欢迎和喜爱。查尔斯·布罗德维克收养她为女儿，将技巧倾囊相授。格鲁吉亚常常从连接着热气球的秋千上跳下来，或者从双翼飞机上跃下。她还是第一位故意在自由下落一段时间后才打开降落伞的人。1922年，在已经跳伞1100次、事业如日中天之际，她放弃了跳伞，但并未离开航空事业。她于1978年8月25日逝世，美军精英伞兵队"黄金骑士"的成员担任了她的护柩者。

跳伞者为了赢得县集市上群众的喝彩，发展了一些惊险的特技。有一种致命的表演，要求跳伞者携带两个降落伞。第一个降落伞打开后被切断，让跳伞者自由落体一段时间，在快要着地时才打开第二个降落伞。群众们喜欢观看这种特技。

格鲁吉亚·"小小"·布罗德维克在 15 岁时首次跳伞。

二十世纪二十年代中期,在西弗吉尼亚州查尔斯顿市的飞机场,十八岁的奥特·斯塔恩斯(Art Starnes)和巡回演出飞行团一起完成了人生的第一次跳伞。就降落伞而言,奥特的装置很基本,"没有套降落伞背带,只有一条用花园浇水软管套上的绳圈。"斯塔恩斯的艺名是"飞行狂人",起这个名字可不是为了增加自信。事实上,他是一名一丝不苟的飞行员,以其毫不懈怠的准备和排演而在飞行员圈子中颇有名气。斯塔恩斯首先发展出了自由落体的特技。

普通跳伞者会认为自由下落很恐怖。自由下落意味着无法控制的翻滚和旋转,可能还意味着死亡。军事飞行员都被教导一定要在离开飞机的一瞬间就拉开伞索。但在战争中,这会使他们暴露在敌人的枪火中。那时,还没有人知道,下落时应该采取何种姿势以保持稳定。通过不断尝试,斯塔恩斯最终找出了答案。经历了多次摇摆、旋转和翻滚后,他发现了理想的下跳姿势——像老鹰一样舒展双臂,胸脯挺起,膝盖弯曲。在二十世纪三十年代初期,斯塔尼斯成功完成了跳出飞机并自由下落 3.5 英里后才打开绳索的任务。

当时另一个著名的特技是飞行员爬出座舱,在机翼上行走。这个疯狂的想法是由欧莫·洛克里尔(Ormer Locklear)发明的,他是得克萨斯州沃斯堡的一名木匠兼机械师。1917 年 10 月,在二十六岁生日的前几天,他加入了美国空军。

作为飞行测试的一部分,洛克里尔需要阅读并正确理解地面闪烁的信号,但是飞机的发动机外壳和机翼阻碍了视线。因此,洛克里尔把飞机交给教练控制,沿着机翼爬出去读信号。着陆后教练训斥了他,但还是让他通过了测试。

之后,洛克里尔在机翼行走的尝试中数次幸免于难。他曾经爬出座舱去修理一个松动的散热器盖,也曾将一根火花塞电线重新接上。1919 年 5 月,他从美国空军光荣退休,成为一名巡回演出飞行员,并很快成为"机翼行走之王"。

洛克里尔几乎算得上是后来被机翼行走者们模仿的所有特技的先驱。他曾在机翼上倒立;他曾仅靠自己的牙齿,把整个身体吊在吊架上;他是第一个在高空中从一架飞机走到另一架飞机上的人;他也是第一个通过抓住绳梯从汽车顶部爬到飞机上的飞行员。

他宣称,这些疯狂的特技皆有规则可循。"我并没有冒着生命危险来做

欧莫·洛克里尔,"机翼行走之王",是无数飞行特技的先驱。

特技表演。"他曾经这样为自己辩护,"我是想证明我们可以那样做。**必须有人来证明,总有一天,所有人都能飞上天。我们做出并实现的尝试越多,也就离目标越近。**"

1914年新年的第一天,历史上第一次事先计划好的商业飞行在佛罗里达州的圣彼得堡市举行。飞机将向东北方向飞行至坦帕湾。二十三分钟后,这架单引擎的飞艇驶过了二十一英里,并在坦帕镇降落,圣彼得堡市的市长亚伯·菲尔(Abe Pheil)从飞艇中走了出来。

这条飞艇航线是托尼·亚努斯的独创。亚努斯1889年生于华盛顿市,绰号"鸟人"(the Birdman)。亚努斯勇气十足,富有魅力,在巡回演出飞行中极受欢迎。他的生活丰富多彩:与影星约会、测试机关枪、跳伞,并与自己的兄弟罗杰一起创立了自己的公司"亚努斯兄弟航空",成为一名飞行员、飞机设计师和飞机制造者。公司运营两年后,托尼·亚努斯在运送轰炸机到沙皇俄国的过程中,他乘坐的柯蒂斯K型飞艇出现引擎故障,随后坠入黑海。亚努斯在海上失踪的时候只有二十七岁。

亚努斯的航空公司很快倒闭。多年之后,美国民用航空才开始创立。毕竟,既然美洲大陆上有铁路,何必还要航线?

民用航空很快在欧洲发展起来,并受到了第一次世界大战的推动,因为战争几乎摧毁了法国到比利时的全部铁路线路。有那么一段时间,在伦敦和巴黎之间飞行几百英里,要比经陆路从巴黎去布鲁塞尔还简单,当然也更快捷。1920年,6500名乘客选择了乘坐飞机往返于巴黎和伦敦。航空公司售出的每张机票都会导致公司亏损,但是,英国和法国政府承担了账单。两国都有殖民地,因而将飞行视作维持帝国团结的方式。

皮埃尔·拉特古尔(Pierre Latécoère)是法国航空帝国的先驱,他创立了拉特古尔航空公司,该公司常常被简称为"航空线"。第一次世界大战结束六周后,这家航空公司开始经营从公司的基地图卢兹到西班牙城市巴塞罗那之间的航线。日复一日,年复一年,"航空线"越来越长。

拉里的椅子

拉里·沃尔特斯(Larry Walters)一直梦想着飞行;但他的视力不好,无法参加美国空军。不过,他并未放弃梦想。

1982年,他还是一名南加州的卡车司机。他逛遍了当地的陆军与海军

亨利·盖拉曼（Henri Guillament）与让·梅尔莫兹是无数国际航线的先行开拓者。

旧货商店,购买了四十二只气象气球和好几罐氦气。6 月 2 日,在圣佩德罗,他在女友的后院将自己最喜欢的躺椅固定在他那辆吉普车的保险杠上,给气象气球充满氦气,将气球系在椅子上,然后坐下,手里紧握一把气枪,还带了一包三明治和六罐装的米勒轻啤。他计划在三十英尺的高度飘浮几个小时,再用枪把气球一个个打爆,然后慢慢着地。但是,当朋友把用于固定的绳子剪断时,拉里的躺椅开始以每分钟 1000 英尺的速度向上升。

拉里的眼镜在上升阶段掉了下来。到达 16000 英尺的高度后,他被风吹到了洛杉矶国际机场的主要进场航道,并在恐惧和刺骨的严寒中度过了十四小时。最后,泛美航空的飞行员发现了他,并向空中交管部门报告说发现了一个人坐在躺椅上,手中舞动着枪。

拉里把气象气球逐个打爆,然而,严寒让他动作愈发笨拙,不慎丢掉了枪。他被近海的微风吹到了海面上。最后,营救直升机赶到,放下了一根绳子,把他拖回陆地。在回到地面的过程中,拉里的缆绳缠到了电线,导致长滩市停电二十分钟。拉里回到地面后便被逮捕。联邦航空局安全检查员尼尔·萨沃伊(Neal Savoy)相当不悦。"我们知道他肯定违反了联邦航空条例中的某些规定。"他告诉记者,"一旦我们确定他违反的是哪个部分,他就会受到控告。"

拉里冷得浑身颤抖,但并不后悔。当记者问他为何这么做时,他回答:"一个男人可不能只是待在地面上。"

1919 年 3 月,"航空线"飞到了摩洛哥的拉巴特。9 月,又推出了飞往卡萨布兰卡的航线。1922 年,拉特古尔开始在北非当地提供航空服务,开辟了从卡萨布兰卡到奥兰的航线。三年后,他将航线沿非洲西海岸扩展到了达喀尔,当时后者还是法属西非(French West Africa)。

拉特古尔最有名的飞行员是让·梅尔莫兹(Jean Mermoz),他的飞行员同事安东尼·德·圣-埃克絮佩里(Antoine de Saint - Exupery)根据梅尔莫兹的冒险经历写出了几部畅销小说。一次,梅尔莫兹的飞机在撒哈拉沙漠坠毁,他被柏柏尔人的部落抓去当人质——他不是唯一一个被抓的。被绑架的风险系数很高;于是,拉特古尔让飞行员成对飞行,雇用友好的阿拉伯人陪同并担任口译人员;他放话称,自己随时都愿意支付赎金,只要对方让他的飞行员平安回来。

"航空线"征服撒哈拉沙漠后,拉特古尔雄心勃勃地向西进军了——向着南美洲的丛林，还有那些几乎无法通过的安第斯山脉的高地。"在这里，"圣－埃克絮佩里描述，"地壳像旧锅炉一样凹损。太平洋的高压区域送来一阵阵的风……吹到五十英里宽的航道上。它们通过航道，冲向大西洋。它们扭曲而又加速地震颤不止，摩擦着所经之处的一切表面。"

有一次，梅尔莫兹和他的修理工被迫降落在一个海拔 12000 英尺的高原上，四周都是悬崖。勉勉强强地把飞机修理了两天之后，他们让飞机滑下高地，越过边缘。幸运的是，飞机的操纵装置居然有了反应！

在当时的美国，民用航空前景并不明朗。由于美国邮政的鼎力支持，航空邮政很快成为美国人生活中妇孺皆知、必不可少的组成部分。

现代美国航空邮政业务可以说是开局不利（身负第一份送件任务的年轻中尉刚从飞行学校毕业，方向感很糟），但很快便将这个幅员辽阔的国家稳定地联系在了一起。航空邮件飞行员所使用的飞机被形象地命名为"燃烧的棺材"（主要是德·哈维兰设计的飞机），因为如果飞行员在着陆时用力过猛（这很容易——这些飞机的下滑角度和砖块是一样的），燃料箱很可能会立即爆炸。

"没有人要求我们学习阅读地图，"一位航空邮件飞行员回忆，"因为根本没有地图。当可见度降到最低时，我就会遇到麻烦，甚至可能连上下都分不清楚。"多亏有"认识每个镇、每条河、每条铁路、每个农场，还有道路沿线的外屋"的本领，他屡次幸免于难。共有三十二名从事邮政服务的飞行员遇难，他们开辟出了日后为航空公司所采用的航线。

查尔斯·林白的父亲是美国国会议员，也是一名有天赋的巡回演出飞行员。1925 年，查尔斯受雇于圣路易市罗伯逊航空公司。公司让他在圣路易斯和芝加哥之间开辟一条新的航空邮件路线。在试飞这条航线的十个月内，因为遭遇了恶劣天气以及设备故障，林白有两次被迫从邮政飞机上跳伞。有了这种工作经历后，飞越大西洋对他来说已经是无可畏惧的。

第一个针对飞越大西洋的活动设立的奖项，来自报业大亨诺斯克里夫勋爵（Lord Northcliffe），他拿出了 10000 英镑。诺斯克里夫对英国航空业滞缓的发展十分失望，他希望这笔奖金可以鼓励英国的飞行员，缩小英国飞行员和美国、法国飞行员的差距。这正是《每日邮报》读者所欣赏的行为。但是，第一个横跨大西洋的人居然是美国人！这次飞行任务由美国海军的约翰·塔沃斯（John Towers）上尉在 1918 年担任领队，共有四架飞机，四十一艘美国驱逐舰，中途作了多次停靠。

这支海军部队拒绝领取奖金。飞机技术发展迅速，不管规则如何，奖金理应颁给更具颠覆性的航空成就，这是显而易见的。1919 年 6 月 14 日，英国皇家空军上校约翰·阿尔科克（John Alcock）和出生于美国、成长在英国的上尉亚瑟·惠滕·布朗（Arthur Whitten Brown）从纽芬兰的圣约翰出发，经历十六小时后，飞行了 1890 英里，期间遇到诸多麻烦——技术问题、定向障碍、冰云和风的干扰——最后成功着陆在康尼马拉（Connemara）的一片沼泽——虽然是俯冲，但平安无事。他们不间断地飞越了大西洋，赢取《每日邮报》奖金当之无愧。

然而，在这次历史性飞行的一个月前，出现了一笔更为可观的奖金。纽约的酒店老板雷蒙德·奥泰格（Raymond Orteig）拿出 25000 美元，奖赏首位从纽约直接飞行到巴黎的盟军飞行员。奥泰格对第一次世界大战后的法美合作充满热情，因而设立了这笔奖金，期间共有九人分别做出了飞越尝试，总共花费了 400000 美元。六人分别在三次事故中遇难，另有三人受伤。

当时，随着体积更大、重量更重的三引擎飞机的不断发展，飞机技术又有了巨大进步。1913 年，俄国发明家伊戈尔·西科斯基（Igor Sikorsky）设计并驾驶了世界上第一架多引擎固定机翼的飞机"俄国骑士"；十年后，他移民美国。那架飞机非常大，以至于很多人都觉得这是一个骗局。然而，它推动了民用航空的进步。在美国，为了跟荷兰设计师托尼·福克竞争，西科斯基发展了新一代三引擎重型飞机，由前部的一个推进器和每片机翼下的推进器推动。几乎所有人都相信，这些飞机有一天会征服大西洋。

然而，竞争奥泰格奖金的结果非常令人意外。林白在摒弃了竞争对手偏好的大型三引擎飞机后，开始与一些公司洽谈，为美国航空邮政生产轻型单引擎飞机。他对这种类型的飞机结构了如指掌，而且这种飞机的技术相对成熟，在飞越大西洋的途中可能遭遇的故障更少。他最终选定的机身大体上基于 1926 年的赖安 M-2 邮政飞机。机身比生产模型长两英尺；机翼更长、更坚固；起落架得到了巩固。然而，这些改变并没有什么革命性。

这架名叫"圣路易斯精神"的飞机要飞起来并不容易。把燃料箱放在座舱之前，意味着前挡风玻璃就没有了，林白必须装上潜望镜才能看清前方。飞机飞行时也不稳定，虽然林白后来坦言，这种不稳定让他在 33.5 小时的飞行中保持了清醒。

1913 年，伊戈尔·西科斯基的三引擎飞机可以乘载八人。

查尔斯·林白与带他飞越了大西洋的飞机。

1927 年 5 月 21 日,在飞行了 3614 英里后,查尔斯·林白在巴黎勒布尔热机场着陆。林白和他的团队成功了,因为他们做到了量力而行。他们飞越大西洋时所采用的技术在当时非常普通。他们使用平常的机器,完成了非凡的表现。他们并未无节制地花费过多,也没有扩张的野心。他们只是一个小团队,这样每个团队成员都知道其他成员在做什么、想什么。奥泰格奖金不仅推动了飞行领域的进步,而且激发了一种新的工作方式。这就是奖金推动飞行技术进步的方式。

在这次历史性的飞越之后,林白没有像普通美国航空邮政飞行员一样回到工作中去,而是利用自己的名声来推广航空邮政服务。他到美国各地以及拉丁美洲和加勒比海地区做演讲,在飞行中带着纪念邮件。林白驾驶"圣路易精神"飞行了 22350 英里,促进了地区机场的建造。在拉丁美洲之旅中,两个月的时间里,他去了十三个国家。

人们说他的飞行改变了世界。它无疑改变了美国。1927 年,美国飞行员执照的申请量增长了三倍,有牌照的飞机的数量翻了四番。1926 年,5782名乘客乘坐美国航空公司的飞机飞行。1929 年,共有 173405 人乘坐过飞机。

奥泰格奖金的故事说明,一个符合时宜、规则明确的奖金可以改变一个行业和一个国家的精神面貌。对林白来说,他在人们的思想中种下了一颗种子———一种革命性的想法:每个人都能飞翔。对一些人来说,这个梦想已经实现了。

1930 年,英国飞行员艾米·约翰逊(Amy Johnson)驾驶德·哈维兰"吉普赛蛾式"双翼机从英格兰飞到了澳大利亚。他从在伦敦的秘书工作中省出了上飞行课程的钱。她因为这次飞行而赢得了哈蒙奖,还荣获大英帝国勋章(CBE)。1931 年,美国飞行员威利·波斯特(Wiley Post)与领航员哈罗德·加蒂(Harold Gatty)完成了环球飞行。两年后,他独自展开了环球飞行。波斯特曾因持械抢劫在少年管教所待过一段时间。在投身航行事业之初,他只是一名飞行演出团的跳伞者。1934 年 9 月 5 日,波斯特穿着一件自己设计的革新式高空增压服,飞到了芝加哥上空海拔 40000 英尺的高度。他继续努力,在后来的几次飞行中达到了 50000 英尺的高空。

1904 年,七岁的艾米利亚·埃尔哈特说服她的叔叔提供帮助,仿照她在

威利·波斯特于 1933 年完成了单人环球飞行，并受到了英雄般的欢迎。

圣路易斯一次旅行中看到的过山车形状，在家里搭建了一个坡道。艾米丽亚的第一次飞行戏剧性地结束了——她从一个损坏了的木箱里跳出，这个木箱被用来当成滑下时的长橇，结果她嘴唇瘀青，裙子都被扯坏了。"这就像飞行一样!"她惊呼。

艾米利亚童年时喜欢爬树、用步枪狩猎老鼠，还喜欢剪切搜集报纸上关于成功女士的报道。1920年12月28日，她和父亲在长滩参观了一个飞机场，在这里，后来成名的航空比赛者弗兰克·霍克斯(Frank Hawks)带她进行了一段飞行，这段经历改变了她的人生。"在我飞行到离地面200到300英尺的高度时，"她说，"我知道我今后必须飞行。"到1927年，她累计单独飞行了约500小时，还创下了她个人的第一个女性飞行纪录，飞到了海拔14000英尺的高度。

1928年4月的一个下午，埃尔哈特接到一个电话。那时她是波士顿的一名社工。电话那边问道:"你想成为第一个飞越大西洋的女人吗?"打电话的人是出版商兼评论家乔治·普特南(George Putnam)。他不是在开玩笑。6月17日，埃尔哈特与飞行员威尔默·斯特尔茨(Wilmer Stultz)、机械师路易·戈登(Louis Gordon)一起飞行，成为第一个飞越大西洋的女性。她并未十分在乎这次成功:"我只是个行李，就像一包土豆一样。"她说，"可能有一天我会单独尝试一下。"

在一次石膏矿投资失败后，家庭资产大幅缩水，因此埃尔哈特如果要继续飞行，就必须出名。有人为她提供了一个《时尚》杂志副主编的职位，她借此机会加大宣传，在航空业为女性争取地位。1929年，她组织了第一次女性航空竞赛(有"潘乔"·巴恩斯参加)，同时也是推广商业航空旅行的第一批飞行员之一。她与查尔斯·林白一起为跨洲航空公司(TAT))游说，TAT后来成为了环球航空公司(TWA)。她也是国家航空公司(National Airways)的副总裁。1940年，这家公司成为东北航空公司(Northeast Airlines)。

1928年8月，埃尔哈特成为第一名单独往返横跨北美大陆的女性飞行员。1932年5月20日，她在十五小时内单独飞越了大西洋。埃尔哈特创造的"第一"可以编成一本书。在一次从奥克兰到迈阿密的私密飞行后，她公开宣布了自己最大胆的冒险:与杰出的领航员弗莱德·努南一起(他确立了泛美航空的"中国飞帆号"飞越太平洋的路线)环航全球。他们于1937年6月1日从迈阿密出发，途中飞过南美洲、非洲、印度和东南亚，并于1937年6月29日到达新几内亚。此时，他们完成了整个旅程的三分之二。7月2日，

艾米利亚·埃尔哈特和她的领航员弗雷德·努南（Fred Noonan）
在环球飞行时失踪。

他们从新几内亚的莱城出发,就在他们开始飞越太平洋时,大海将他们吞噬了。

1930 年的电影《地狱天使》制作总共花费了大约 400 万美元,是当时史上最贵的电影。这是一部关于忠诚(故事背景是第一次世界大战)、勇气(主角是皇家航空军团的军官)和罪恶[由珍·哈露(Jean Harlow)主演]的电影,影片中由亲历一战的真实军人担任飞行特技演员。他们中间没有人——无论如何,传闻就是这么说的——疯狂到要去表演电影中的最后一个飞行特技,他们都说这个特技是不可能完成的。导演霍华德·休斯证明,事实并非如此——或者说他曾尝试证明事实并非如此。他自己坐上了飞机,完成了拍摄——然后飞机就坠毁了。

这次他伤得不重,而且确立了响亮的名声——他的名声一直响彻美国航空业和美国政界,直到战后。

霍华德·"乖乖"(Sonny)·休斯一出生就具有天然的优势:他的家庭因为有一个在石油业使用的钻头专利而坐拥大笔财产。休斯十几岁时就学习了飞行,他把自己的个人财富和生命都奉献给了航空事业。他不只是一名特技飞行员,也不只是一名修补匠:他学习了这个行业的方方面面。为了理解商业航行的需要,他于 1932 年使用假名,一度签约受雇于环球航空公司,担任副驾驶员。他购买了一整架飞机,并用扳手研究这架飞机,以此来学习飞机设计。这种亲手实践的方法取得了惊人的成果。1935 年,休斯与工程师格伦·欧德科克(Glenn Odekirk)、设计师理查德·帕默(Richard Palmer)一起,制造出了堪称世界上最美丽的单翼飞机。由于它拥有完全的流线型设计(可缩回的起落架,每个铆钉都被钉入飞机的铝制外壳),所以也是最快的飞机:休斯驾驶它于 1935 年 9 月创造了每小时 352 英里的世界纪录;两年后,休斯和 H-1 型飞机(展示了更长的机翼)创造了一项新的跨洲飞行纪录,他因此作为年度杰出飞行员,赢得了哈蒙奖。

不过,休斯设计过的最奇怪也最令人印象深刻的飞机是"云杉鹅"(Spruce Goose)飞机。这架"休斯 H-4 大力神"飞机是一架军事运输机,是当时最大的飞艇,由亨利·J·凯泽(Henry J. Kaiser)负责设计制造。凯泽是一名轮船制造商。战争期间,他在美国领导建造了顽强的商船队"自由舰队"。虽然这个项目每四十五天就可以生产一艘货轮,但是在德国潜水艇对

史上最美的竞赛飞机？霍华德·休斯站在他的 H-1 型飞机旁边。

大西洋贸易的袭击中,这些货轮被打沉的速度比生产速度还快。人员伤亡和商业损失令人震惊。于是凯泽想出一个计划:放弃水路商船运输,改用航空运输! 只有像休斯这样的商业巨头才能消化这个宏大的计划。计划可能的确成功了:H-4 型运货机引以为荣之处,是拥有史上最大的翼展和最高的机身,它就和休斯这个商业巨头一样,庞大得不真实。它是用层压桦木而不是云杉木制成的,因为战争时期铝非常稀少。然而,当时发生了一些事,使之前的承诺无法兑现——它迟了两年,没有参与本应参与的战斗,只在 1947 年 11 月 2 日飞行了一次,后来因为它的迟到以及成本超支,这个项目被迫取消。

说霍华德·休斯是一名商人,不如说他是一个传奇。在创造 H-1 型飞机飞越大西洋的纪录三年后,休斯在另一种完全不同的飞行领域树立了里程碑,这座里程碑将通过一架民用飞机推动民用航空的发展。1939 年,休斯驾驶双引擎洛克希德"超级厄勒克特拉"班机环航了世界。他中途只加了六次油,在九十一个小时内飞越 14672 英里。休斯在证明了民用航空发展潜力的同时,还领导了该领域的商业化发展。他买下了环球航空,并与飞机制造商洛克希德一起制造了革命性的大型客机"洛克希德星座",飞机的速度和持久力在当时都是极其卓越的——艾森豪威尔选择了这架飞机作为总统专机。奥维尔·莱特也上了这架飞机:这发生在那次历史性的首次飞行四十年之后,也是奥维尔最后一次搭乘飞机。休斯继续扩张环球航空,打破了泛美航空对美国国际航空运输的垄断,还说服沃特·迪斯尼在他的主题公园"明日世界"中建造环球航空月球航班,描绘了 1986 年的旅游图景。前纳粹火箭科学家沃纳·冯·布劳恩(Wernher von Braun)帮助设计了火箭,它像极了战争时期的 V-2 导弹!

不幸的是,像奥维尔·莱特一样,休斯在经历了一次几乎致命的飞机事故后,晚年一直生活在无尽的痛苦中。1946 年 7 月 7 日,他的 XF-11 飞机——一架美国空军实验勘察飞机——在测试飞行期间遭遇引擎故障。休斯在贝弗利山连撞三幢房子,最后在坠入第四栋房子后烧毁。休斯被烧伤,不能活动,需要摄入大量高度成瘾性的止痛药。他晚年的"古怪"臭名昭著:吃巧克力条和牛奶维持生命,用纸巾盒将自己围起来,而他对止痛药的终生依赖让他更加声名狼藉。

即使在走下坡路的时候,休斯也有巨大的影响力。他是内华达最大的私人雇主,为他在拉斯维加斯的地产花费过大约三亿美元。从二十世纪六十年代到 1976 年 4 月 5 日因肾衰竭去世期间,休斯手下的经理们表现得好像休斯仍然神志清楚,似乎他依旧在操控着从航空、赌博到酒店和房地产的诸多生意。事实上,他一天中有半天在看惊悚片,半天在浴室里。对于如此重要的一个人物——如此勇敢的一个人,我们很难想象比这更残酷的命运了。

在我小时候,道格拉斯·巴德给我带来了巨大的激励。可是他的整个成年生活一直处于痛苦之中。他对傻瓜有一个广泛而宽厚的定义,而他自己就是这样一个傻瓜。他痛苦地忍受着由此带来的所有折磨。

这个易怒的老人也是一个孩子能遇到的最有趣、最慷慨的人。他的榜样使我树立了信心。他还给我和我的同辈人带来过一些最好的商业建议。

他曾经说,规则是用来指导明智的人的,也是用来让傻瓜顺从的。

他的人生故事证明了这一点。他出生于 1910 年,二十岁时在雷丁航空俱乐部驾驶一架斗牛狗战斗机,向皇家空军飞行员同僚演示了飞行特技,还把飞机的左翼开进了一片耕地之中。他在那天的日志中说:"在地面附近缓慢翻转,最后坠机。糟糕的演出。"他不在开玩笑——他失去了双腿。

1933 年从皇家空军退休后,道格拉斯没有放弃飞行。到了 1940 年,他一身制服地驾驶着飓风战斗机和喷火战斗机,王者归来。他在敦刻尔克击落了几架敌机,与长辈以及比他厉害的飞行员争论战略,更是在不列颠之战中击落了十一架敌机。1941 年 8 月,在一次全欧战斗机扫荡中,他被迫在被德国人占领的法国勒图凯一带跳伞。

当他往下跳时,他的一条假腿还夹在座舱里。他的父亲是皇家工程师团队里的工兵,1917 年受了致命伤。道格拉斯正是在他父亲受伤的地方降落的,他很快被逮捕入狱。德国当局要求英国向他们的战俘空投一条备用假腿。一架英国飞机给他投了一条腿,然后就和其他战机一起去轰炸贝蒂娜附近的格斯奈发电站了。不过,恶劣的天气拯救了他们的轰炸目标,发电站没有被炸毁。

这次的无礼行为不久就被发现只是小菜一碟,远没有他给俘房他的人带来的麻烦多。他虽然受到了良好的对待,几乎得到了所有到访的经验丰富的纳粹德国空军官员的接见和款待,但他还是不断地搞破坏,试图逃走。他也成功了——还不止一次,而是很多次,直到一位被激怒的狱警威胁要拿走他的假腿。但是,威胁不起作用。最终,道格拉斯被移至科尔迪茨。1945年 4 月,他被美军第一军团解救。到达巴黎后,他立刻要求派给他一架喷火战斗机,但是被拒绝了。

霍华德·休斯正在操控他的 H-4 型"云杉鹅"，这是当时最大的货运飞机。

第五章
"一条气流大河"

事实上，蒙戈尔费埃兄弟俩的第一个载人热气球在 1793 年刚刚离开地面时，就提出要在被占领的土伦市投下十四吨的炸药。

载人航空成为现实之前，人们早已提出了空中战争的理论。关于空中轰炸的详细记录，可追溯到十七世纪初。热气球的真正出现只是在原来这幅图景的基础上添加了一些细节内容和地方特色而已。1842 年，诗人阿尔弗雷德·丁尼生爵士在他的诗作《洛克斯利大厅》中写道："交战各国的空军舰队在蓝天中央厮打，降下了一阵令人惊怖的露水。"没过多久，他的预言就实现了。七年后，在威尼斯被围攻期间，一位名叫弗朗茨·冯·乌哈蒂乌斯（Franz von Uchatius）的奥地利炮兵中尉用纸质气球轰炸了这个城市。

这是世界上第一次空袭，但并不成功。一位目击者说："气球……都在空中爆炸了，或者落入水中……威尼斯人离开自己的家，涌入街道和广场，观看这个奇景……当气球飘过奥地利军队上方并爆炸时，人们的拍掌声最为响亮。"

到了十九世纪末，人们一致认为未来的战争将是空中战争。儒勒·凡尔纳的书成为畅销书是有原因的——《征服者罗比尔》（*Robur the Conqueror*，1886 年）和它的续篇《世界主宰者》（*Master of the World*，1904 年）这样的标题吸引了这代人的眼球，引起了他们的担忧。在世纪之交，航空业拥有一种可以摧毁人类文明的武器，这个事实变得越来越明显。

Le lord-maire souhaite la bienvenue aux chefs de la flotte aérienne française, venue pour porter secours à la ville de Londres assiégée par les Allemands.

战争即地狱：空中战役是 1908 年阿尔伯特·罗比达（Albert Robida）
冒险系列的主题。

1914 年 8 月 30 日,在马恩河会战的前一天,正午刚过,一个德国鸠形单翼战斗机在巴黎东站的上空出现,并往火车站空投了一些炸药,造成一名妇女死亡。在战争结束之前,有五百个巴黎人成为鸠形单翼战斗机的受害者。

将平民作为袭击目标的做法并不是第一次。但是,从空中袭击这个事实令人担忧。在空中,所有的赌注都取消了。没有参与规则;没有惯例。当战争的方方面面均向前发展,技术在不断进步时,一位德国将军观察发现:"战斗人员和非战斗人员之间的区别开始变得模糊。"

如果说第一次世界大战开辟了战斗机的时代,那么没有人会怀疑,欧洲的下一次战争就预示着专门建造的轰炸机的诞生——欧洲政府对于当时的情景不抱任何幻想。意大利军事理论家朱里奥·杜黑将军(General Giulio Douhet)是那段时期最具影响力的权威人士之一,他的《制空论》被翻译成了欧洲多种语言,成为畅销书。杜黑作品真正可怕之处在于,他大多数时候是正确的。他直言:"我们必须得出的一个残酷而无法逃避的结论,是当敌人轰炸我们的城市时,我们在阿尔卑斯山可以调动的最强部队,以及在我们的海域能够配置的最强海军,都无法保证有效的防御。"

1933 年,与杜黑同时代的 H·G·威尔斯出版了《未来互联网纾》(*The Shape of Things to Come*)一书,这本书是一个政治预言,虚构了在一个很久远的未来写就的一部历史。威尔斯与其他每个人都相信,下一场战争将主要是以空中战争的方式进行,而且将会毁灭人类文明。他在这之前二十六年已经提到了同样的主题。在他一部粗制滥造的作品《空中战争》(于 1907 年连载)的结尾,人类堕落成了一种异常残忍、思想封建的造物。

《未来互联网纾》预言了第二次世界大战,其精确性达到了不可思议的程度。虽然威尔斯的黄金写作期到二十世纪三十年代已经过去,但他仍然能够让读者毛骨悚然。他描述了波兰飞机在柏林空投毒气弹,意大利人"对贝尔格莱德做了同样的事",还描述了"横穿东勃兰登堡的永久死亡毒气的管道"。

关于人们应该如何应对空中轰炸,英国政府作出了希望渺茫的估测。向英国政府汇报的医疗分析师认为,这种经历会把幸存者逼疯。在战争早期,首都附近的医院把病情不紧急的病人送回家,把床位空出来让给成千上万的"紧张病例"。在一次空袭之后,医疗分析师认为那些成功逃入城市隧道的幸存者会拒绝从隧道中出来。在战争一开始,伦敦的地下车站晚间会锁起来,不让人们进入。

1941 年 12 月日本袭击珍珠港后,美国参战,并相信其对这种恐惧有免疫力。美国最近的敌人日本根本就无法从空中袭击美国大陆。至少,美国是这么设想的。

1945 年 5 月,一位牧师和他的妻子带着自家孩子到俄勒冈州南部去钓鱼。他们遇到了一个被缠在几棵树上的奇怪装置。当十三岁的琼·帕特克(Joan Patzke)试着拉扯树上的气球让它飞走时,气球在她面前爆炸了,她和其他四个孩子,还有牧师的妻子,均不幸身亡。

这些燃烧弹——据报道,它们接二连三地出现——令美国当局迷惑不解。他们想不出气球如何从日本飞来。他们提供的解释更加愚蠢:它们是不是由日本登陆部队从美国海滩发射的?它们是不是由被拘禁的日裔美国人秘密制造的?

最终,一名士兵成功地将一个气球完整无损地移到地面,令人难以置信的事实呈现出来了:它们是极其高端的武器,而且——没错——它们符合日本制造的所有特征。

这是空中战争的一个奇怪插曲:从 1944 年 11 月开始,80 所日本学校的学生制造了 10000 个气球,每个气球带有一颗炸弹,目标是美国本土。相扑馆、舞台和剧院被强行征用来制造气球。传统的裹胶丝制气球漏气太严重,此类材质无法用于制作这些需要完成跨越太平洋之旅的十米宽的气球。于是,他们发现了另外一种材料:和纸——由桑树丛木制成,无法渗透,纸张坚韧。和纸的制造商只能小批量地供应,每张纸都是方形的,不比一张地图大。这些纸必须用蔬菜胶水粘合。大多数工人是刚满十三周岁的学校女生,她们被要求穿戴手套,不留指甲,不使用发卡。她们自愿承担这份工作,即便没有良好的酬劳。当整个太平洋地区开始与日本为敌时,她们的生活状况每况愈下。饥饿的工人还曾偷吃蔬菜胶水。

一旦粘在一起,每个气囊就被套在一个轻盒子上。这些纸张被一寸一寸地检查,裂口和脆弱的地方被用纸加固。气囊整合好后,会被充气、涂漆,然后放气,装箱,运送到项目的发射场地。1944 年 11 月 3 日,日本发射了第一批炸弹气球。

这个项目的产品实际上是世界上第一个洲际弹道导弹。它是草场末吉少佐的设计。草场末吉召集了全日本最优秀的科学家来开发他的秘密武器。这些气球的目的是引起森林火灾,并导致爆炸。它们也可能还有更邪恶的目的。从 1922 年起,芥气和路易氏剂之类的化学武器,已经在军队的直接控制下,开始在大久野岛生产了。炸弹气球也是在大久野岛生产的。

炸弹的情况就介绍到这里。这些气球值得一提,不是因为它们带着炸弹,而是因为它们被运送的方式。日本的气球燃烧弹可以被内在机制尚不为人所知的高纬度强风吹到太平洋的另一端,全程只要三天。只有日本当局对这些大风有所了解。这是航空史上最大的讽刺之一。这些风一开始是由大石和三郎研究的。他是一位坚定的国际主义者与和平主义者。他在欧洲的研究(在林登贝格高空气象天文台)让他相信国际合作的重要性。大石回到日本,在立野建起了自己的高空观测台。立野是一片贫瘠而平坦的开阔地,在富士山西北部一百英里处。正是从这个不起眼的地方,和三郎释放了气球。当升空而起的气球被神秘的高海拔大风吹走时,和三郎开始用经纬仪(一种勘察仪器,带有一个可旋转的测量角度的望远镜)追踪它们的行迹。

和三郎认为,为了全世界的发展,科学应不分国界。他保证,自己的发现将公开给尽可能多的国家中尽可能多的人。他用世界语写下了自己的发现。和三郎认为,用世界上发展最快的"辅助语"传播,世界马上就要理解他的发现了。然而,他的乐观主义和理想主义,最起码,放在这里是不合适的。没有人去了解他的发现。没有人能够读懂他的发现。他渴望和世界交流,同时他又十分有效地把自己的发现变成了一个国家机密!

日本军队在二十世纪三十年代早期取得了对和三郎观测台的控制权,到第二次世界大战末,他的数据资料让气球炸弹在美国爆炸成为现实。大约9300只气球炸弹被日本军方释放,飞往美国。它们设计独特,装满了重物、高度计和计时器。它们串在一起,这样它们就能在夜间扔下沙袋,弥补气囊内漏掉的氢气造成的影响。如果气球飞得太高,高度计会打开阀门,放出些氢气。正如项目领导预测的那样,每十个气球中只有一个跨过大海。其中有285个气球给美国造成了损失,但都不是特别重要的损害。一个炸弹落在华盛顿哈福德的一条电线上,制造原子弹所用的钚的反应堆因此停止工作;不过,电力在几秒钟后就恢复了。

这些炸弹更多地发挥了恐怖主义武器的作用。它们可能会在任何地方出现。一个炸弹甚至到达了密歇根。这样的威胁是随机的,这正是它的力量所在。美国陆军部担心这些炸弹气球事件的报道会影响到平民的士气,因此禁止媒体提到关于炸弹气球的任何信息。官员在某些场合声称,炸弹是从加拿大皇家空军的飞机上偶然掉落的!

高速急流把日本的气球燃烧弹带到美国大陆。

一旦对威胁的规模有了充分认识，美军就开始了和日军的一场比赛。他们要赶在气球还没有把比区区几枚燃烧弹更致命的东西带到美国国土之前，就把它们毁灭。美国地质调查局的军事地质组想到了一个计划。他们开始研究压载袋里面的沙子。他们认为，那些仅仅作为压载物的沙子，不可能是日本人费劲周折从很远的地方运到组装地的。这些沙子更可能是在炸弹气球工厂附近的海滩上取用的。他们研究了这些沙子中包含的显微镜下才能看到的生物。他们循着这些压载袋，顺藤摸瓜，具体定位到了几个日本海滩——然后美国的 B-29 飞机就起飞了。三个为日本炸弹气球工程提供氢气的工厂中有两个被摧毁。草场少佐的工程因此毁于一旦。

　　然而，有一个谜题仍然存在：这些气球到底是如何飞行了这么长的距离，而且飞行得这么快？

　　第二次世界大战让同盟国学会了一些关于高海拔气流的知识，但他们是以非系统的零碎方式从不明真相的飞行员那里学习的。美国 B-29 飞机全体机组人员在炸弹袭击日本后归来，同时也带回了很多疯狂的奇妙故事：有 150 英里每小时的顺风，西风带的时速最高达到 200 英里。在欧洲，轰炸机中队的飞行高度在 30000 英尺与 35000 英尺之间，是最可能受到影响的机种。在某些地区，他们会发现一阵疾风就把他们吹到了目的地。在其他地区，飞行员则没有这么幸运。1943 年，一支英国轰炸机中队在袭击了法国西海岸的吉伦之后，归途中遇到了时速为 240 英里的逆风。机组人员别无选择，只能从他们熄火的飞机上跳伞，随后被德军逮捕拘禁。

　　这些疾风如此快速，如此狭窄，风向看起来如此固定，瑞典裔美国气象学家卡尔－古斯塔夫·罗斯贝（Carl－Gustaf Rossby）用"急流"（jet stream）来描述它们。急流是如何形成的？要回答这个问题，我必须解释一下天气的原理——就用几页纸来大致解释相关的所有知识！

　　地面不断加热着空气，就像一锅水下面的电热圈一样；当暖空气上升时，它会在身后吸入冷空气。这就是风形成的原因。如果地球不像陀螺那样旋转，暖空气就会吹得很流畅、很有规律。在一个不旋转的星球上，暖空气会上升到赤道上空，然后移向两极，并下降到地面，然后又卷回到赤道。然而，地球自西向东旋转，而且速度很快。这就意味着，那些高空暖风从赤道吹向两极时会向东偏斜；而更湿润的冷风吹向赤道时会向西偏斜。

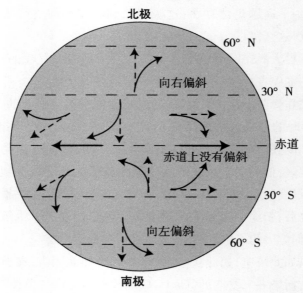

极地最大偏斜

北极

60° N

向右偏斜

30° N

赤道

赤道上没有偏斜

30° S

向左偏斜

60° S

南极

极地最大偏斜

这幅地球大气的横断面图显示了风向。

故事到这里还没有结束。因为地球是一个球，所以你离赤道越远，你从西向东运动的速度越慢。你站在赤道上时，会以每小时 1038 英里的速度旋转。在两极时，你完全没有速度。伦敦以每小时 656 英里的速度旋转着。因此，离开赤道或者吹向赤道的风不会以直线流动。它们会在内部产生错位，因此我刚刚描述的风的优美单向环流，会被分成三个单独的环流。这种错位在我们的故事中很重要，它还有一个现成的名字：科里奥利效应（Coriolis effect）。

在热带地区、在地球上很靠北极或者很靠南极的地区，搅浑的空气带以某种规律循环流动着。然而，夹在这些环流中间的正是被我们乐观地称为"温带"的地方。在这些地带，空气往往从西向东流动或者从东向西流动，但是它们完全无法抵消赤道和两极的温差所产生的空气流动。当大团暖空气与冷空气相遇时，冷空气自然想要冲到暖空气上升所产生的真空中。但是冷空气不能这么做：科里奥利效应意味着冷空气不会冲到暖空气的真空中，而是绕着暖空气旋转。这就是龙卷风形成的原因。

在平流层的高空中，地球散发和反射的热量作用已微乎其微，无法如此强烈地摇晃气流，因此那里的风很强烈也很稳定。它们比下面的风流动得更快，也偏斜得更慢。这些风叫做急流。

1991 年，我和派正计划乘热气球横跨太平洋。我们已经来到了日本南部的一个小镇：都城市。我们希望那些把日本的炸弹气球带到美国大陆的急流会很快带我们横跨太平洋。我们想要成为第一批以这种方式横跨太平洋的人。我们并不是来参加比赛的，但是，到达都城市后，我们发现一位迷人的日本气球驾驶者丹羽文雄也正准备成为第一个横跨太平洋的人，因此便跟我们形成了竞争。我们都因为天气原因而等待了一段时间；我们所做的只能是手舞足蹈地等待急流足够强，以至于能带我们跨越世界上最大的大洋——同时，我们也越来越紧张地在等待海湾战争的爆发。

前一年的十月，我和维珍航空的机组人员一起去巴格达载回英国人质。如果战争爆发，我宁愿站在地面上，而不是在热气球上晃荡。但是，如果我们取消这个计划，就会浪费很多人的时间和精力。

圣诞节到了。我和家人去了日本南海岸的石垣岛。不久，我的妻子琼把孩子带回伦敦上学。当我和父母走过机场，准备乘坐一班去都城市的日本国内航班时，我看到了一面电视屏幕：一架直升机在海洋上空盘旋，拉起一具尸体。这正是文雄。他在我们要到达都城市之前的一天就出发了，希

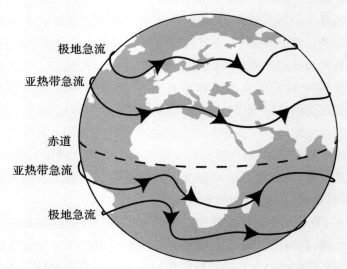

极地急流

亚热带急流

赤道

亚热带急流

极地急流

地球上的急流能为人们提供快速的单向环球旅行——
如果你能找到这些急流的话。

望能领先我们一步。强风把他的气球气囊扯坏了,使他不得不紧急迫降。当救援直升机到达现场时,文雄因已经因受冻而死去。他的尸体是在仅离日本海岸十英里的地方找到的。

1月15日,星期二,我和派走过成千上万的人群,走向我们的热气球。日本小孩手拿蜡烛,向我们挥舞着英国国旗。他们高唱英国国歌《天佑女王》。我无法忘记文雄的死。我们的气球比每个人都要高,大到可以容下圣保罗大教堂。我们将几只鸽子放生,无用地表明着我们的和平立场。然后,我们进入舱内。

我们点燃了火口,派打开了释放钢索的螺栓,我们很快上升了。威尔·怀特霍恩(Will Whitehorn)在广播中喊叫:"人群大声呼喊,像疯了一样。太奇妙了。你们上升得很快。"(威尔负责管理救援机组人员。他在时刻关注着我们,他包租的救生船最大限度地涵盖了我们的行程。)

五分钟后,都城市已经消失在了我们的视线中,半小时后,我们已处于太平洋上空了。在23000英尺的高度,我们触到了急流的最底端。

我们就像撞到了天花板一样。无论我们如何给热气球加热,气球气囊就是不进入急流,只是抵着风墙的那一面被压得扁平而已。我们穿上了降落伞包,把自己扣在了救生筏上,以应对气球被风撕裂的情况。

最后,气球进入了急流。我惊恐地看着银色的气囊呼啸着在我们前面飞行。我迟钝地想知道:如果气球在那里向前猛冲,那么,在这里是什么东西让我们保持飘在空中?在这个困惑转化成惊慌之前,气球下降到了吊舱的高度以下——然后拖着吊舱,把它猛地拉进了急流内。

由此导致的震动非常猛烈。我们被撞得飞了起来。我们的时速突然从二十海里变成了一百海里。我一度认为我们会被撕碎,但是气球又在我们上方升起。我们平安进入了急流。

"之前没有人这样做过。"派高兴地宣布,"我们跨入了未知的领域。"

在我们飞行了七小时之后,真正的麻烦出现了。由我的朋友亚历克斯·里奇(Alex Ritchie)为我们1991年横跨太平洋的热气球设计的这个吊舱,周围有六个丙烷罐。我们刚用完第一个。派按下按钮,丢弃了那个罐子。突然,整个吊舱向一边倾斜,以一个歪斜的角度悬挂着。空的那个燃料箱掉落了——而且两个满满的燃料箱也跟着它一起掉落了。

情况不妙。我们刚飞行了1000英里,现在只剩一半的燃料了,而且我们正在太平洋最危险、最偏僻的地方飞行。

"小心!"派说,"我们在上升。"

少了两个燃料箱的重量,气球正在骤升。

31000 英尺。

34000 英尺。

"我在放气。"派说,"我们必须下降。"

我们不知道吊舱有多坚韧。我们知道玻璃顶可以承受 42000 英尺高空的气压,就连这也只是一个猜测。如果我们到达了 43000 英尺的高空,玻璃顶便会爆裂。派打开气球顶部的阀门放气,但我们仍然在上升。

"上升速度变慢了。"我说,"我确定速度变慢了。"

高度计读数在上升:在 41000 英尺的高度,我们已到达了未知的领域。我们的设备都没有在这样的高度测试过。任何问题都可能出现。

气球在 42500 英尺的高度停止了上升。我们避免了以惊慌失措的方式猝然而毙,却要面临缓慢而痛苦的死亡:燃料这么少,我们看起来注定要坠入太平洋。想在燃料用完之前到达陆地,我们必须以 170 英里的平均时速飞行——这是有史以来驾驶热气球最快速度的两倍。大约就在那个时候,我们的无线电连接出了故障——正在我们下方肆掠的暴风雨切断了信号。我们与外界隔绝了。

我们下降到了急流中。在接下来的六小时内,我们高高飘荡在暴风雨横行的海洋上空。肯定没有极地探险者曾见过如此宽广一片白茫茫的景象。我们脚下的云皱了起来,就像花菜或者脑子一样。当夜色降临时,闪电从云中闪现,将天空照亮。我几乎没有注意到这个景象。我一直盯着高度计看,几乎不敢眨眼。我拧着燃烧器,让气球保持在风速最快的地方。

而且——简直是个奇迹——此举看起来起作用了。我和派正以 200 英里的时速向东飞向美国!之前没有气球可以飞这么快。这些一开始要夺走我们生命的急流,如今正在拯救我们。

派筋疲力尽,小睡了片刻,而我还是紧盯着高度计。每当发现最轻微的晃动冲击时,我的神经就会十分紧张。急流的内核直径只有 4000 英尺。如果处于内核中心,我们也许能够最终飞越海洋,保住性命。如果偏离内核,速度就会慢下来,我们势必难逃一劫。最微小的疏忽都会导致气球和吊舱不在一条气流中。

吊舱上方出现了漂亮的黄白色闪光。我往上看——看到燃烧的丙烷块从燃烧器掉落到吊舱上!我想象着其中一个丙烷块掉落至顶盖冰冷的玻璃

我和派完全不知道在太平洋上空等待我们的将是怎样的命运……

上的情形——顶盖肯定会碎的。

派被我的尖叫惊醒。他很快把我们上升到了没有氧气的地方——在43000 英尺的高空——这样火就会熄灭。接下来,我们便默默地一边祈祷,一边紧盯着玻璃顶。

玻璃顶支持住了。

我们沉回了急流。

在通讯中断了八小时后,我们的无线电连接又恢复了。

"感谢上帝,我们又与你们取得了联系。"我们的气象主管鲍勃·赖斯说,"我找出了你们的路线。你们必须马上改变航线。现在就改。"

"是吗?"

"马上下降。"他说,"你们的急流在改变方向。"

听到鲍勃的声音,我们刚松了口气,此时又惊闻噩耗。我们的急流在改变方向,很好——这意味着几分钟后,我们就会在回日本的路上了!

兄弟情谊最奇怪的一点在于,你和某些人形成了亲密的联系,但是你可能以后再也不会和他见面了。我现在不常见到派;在这个高海拔热气球的吊舱外,我们生活在不同的世界里。我和鲍勃·赖斯也好几年没有说过话了。但是,曾经有一次——有很多次——我会按照鲍勃说的每一句话行动。有时,他是我唯一的希望。他救了我的命,还有我的很多机组同事的命。

鲍勃·赖斯是一名气象员——最好的气象员之一。特别是在冒险圈子里,他是一个传奇。他当初在朝鲜战争期间接受过美国空军的培训,而到了1999 年退休时,他已积累了五十年的气象经验,其中一半主要是为特殊的项目和冒险提供支持。他曾在二十六次远距离载人热气球飞行中扮演"任务控制"这一关键角色,在无数次航行比赛和破纪录活动中也是如此。

鲍勃为"地球之风"(二十世纪九十年代中期一次由维珍航空赞助的热气球环球航行项目,结局很不幸)工作时,热气球飞行员与公关先生威廉·阿姆斯特朗(William Armstrong)曾看到:"赖斯每天凌晨三点半就开始工作。他把黑褐烟草(他自己的私人品牌)塞进烟斗中,点燃烟草,然后整个屋子便充满了烟味,就像一个正准备进行天气弥撒的预报大主教一样。"

"把天气看成一个有生命的、会呼吸的东西,这个想法令我着迷。"鲍勃说,"你不仅是输入了一大串数据资料。你的脑中会呈现出画面。你会看到海浪,看到暴风雨云,看到整个天气系统。"鲍勃的专长是把一种叫弹道模型(Trajectory Model)的东西应用于热气球飞行。弹道模型是一种巧妙的数学模型,曾被用来追踪火山灰、核爆炸释放的放射性分子的路径。鲍勃使用这个模型,来研究热气球在一个给定的高度会往什么方向飞行。

鲍勃使用弹道模型计算出,如果我们下降到 18000 英尺的高度,风就会把我们带往北方。这样一来,我们就能够完成旅行——只是我们会和华盛顿说再见,而在冷得刺骨的北冰洋着陆!要把最大的气球导航出平流层,航行到糟糕的天气中,这可不是个好主意。我们下方的海浪高过五十英尺,因此,如果我们遇到了麻烦,即使我们在一艘船附近迫降(在这个覆盖地球几乎一半面积的大洋上,这几乎是不可能的),那艘船也不可能到达我们所在的位置。在这种条件的洋面上翻转,一艘船肯定会被掰成两段。然而,与外界失去联系这么长时间,而且经历如此一场九死一生之后,能按照鲍勃·赖斯的建议飞行,已经相当令人振奋了。

在这期间,威尔·怀特霍恩和他的十人救援队正乘坐着联合航空公司的航班飞往美国,焦急万分。他们从驾驶舱得到相关消息,知道热气球只剩不到一半的燃料了。当他们降落在洛杉矶国际机场时,我和派已经开始向北飞行。航班已经被安排好,准备将救援队北上带到西雅图。之后,他们就要一边赶路一边准备各项补给了。

我和派被带到北极的风险一直存在,所以救援队带着为我们准备的安全设备。但他们自己没有救生设备,而且情况每一分钟都变得越来越糟糕。在西雅图,救援队成了纯粹的抢劫队,到处搜集他们可以找到的防寒工具。机场的地面人员交出了他们的靴子和手套。在他们着陆几分钟后,一架利尔喷气式飞机(Learjet)就在航道上加足了马力,飞向加拿大的耶洛奈夫。

在吊舱内,我们通过无线电听到了迈克·肯德里克(Mike Kendrick)的声音:"你们在向北飞行。"他告诉我们,"救援队正追着你们,准备赶到你们将要着陆的地方。"在飞行了三十六小时后,我们终于飞过了加拿大北部海岸。虽然天很黑,看不到海岸,但是我们感到安全多了。即使我们正飞往落基山——地势最险恶的山脉之一——它至少是陆地。我们互相拥抱,分享了一条巧克力。这种感觉太难以置信了。当我们开始飞过落基山后,我们通过无线电,跟当地的地面控制台——沃森湖飞行服务中心——取得了联系。

"打开你们的呼救信号器。"他们告诉我们,"你们正飞向一片暴风雪中。能见度为零,风速达到了每小时三十五海里。"

现在我们不是唯一冒生命危险的人。我们的救援队正驾驶着两架直升机,试图飞往我们可能降落的地方。情况不容乐观。天在下雪,风速达到了三十五海里每小时。威尔一度什么也看不见,直升机被迫降落在了一条马路上。

我和派知道,我们必须在黎明后不久降落。如果早晨的太阳把气囊晒热,我们最终就会降落在格陵兰岛,甚至更远——在救援队能到达的范围之外。到达 750 英尺的高度时,我打开舱盖,爬到了吊舱的顶部。我在那里蹲伏了片刻,观察在我周围旋转的雪花。四周非常安静。

"不要下降得太低。都是森林。我们永远也走不出去的。"我对派喊道,"前面有块空地。你能看到吗?"

派关掉燃烧器,我爬回了吊舱。我们开始往下降落,然后猛烈地着地了,还在地面上滑行了一段路程。派打开了螺栓,吊舱停了下来。气囊离开我们飞走了。我们打开舱口,爬了出来。外面的气温是零下四十摄氏度。我通过无线电和沃森湖飞行服务中心取得了联系。"我们成功了!"我大喊,"我们到了! 我们安然无恙!"我们成为了乘热气球横跨太平洋的第一人。我们在四十七小时内,从日本飞到加拿大,航行了 6700 英里。我们打破了世界热气球航行的距离纪录,速度曾达到每小时 245 英里。全世界都认为这是一次胜利。

"你们在哪里?"

我环顾四周。

"理查德?"

"啊,我们在一片湖上降落了。"我说。气囊在远处呈褶皱状搭在了几棵松树林下。风把它撕碎了。"啊,我们被树包围了。"

一架加拿大大力神飞机花了八个小时便找到了我们,然后派出一架直升机来接我们。当你考虑到在我们周围还有 800000 片几乎一样的湖时,你会觉得他们的搜救行动的确干得不错。派的一只脚上长了冻疮,我的一根手指上也是。在风雪交加中,我们挤在一起互相取暖,吃着剩余的食物,极度渴求温暖。

"派?"我说。

"什么?"

"为什么我们不是在加州?"

美国气球先锋约翰·怀斯(John Wise)生于 1808 年,在他漫长的事业中,他累计飞行了四百次,顺便提一句,他是美国第一个航空邮件运载者。所以,他知道关于急流的一切——或者至少他知道在某个高度存在"一条总是自西向东流的气流大河"——大概也就不足为奇了。他甚至希望利用这条急流横跨大西洋——一个在他那个年代注定会失败的工程,但是这条急流让他飞行了 1000 英里,创下了一项飞行距离的世界纪录。(他在 1859 年 8 月 15 日下午四点从圣路易斯出发,第二天下午三点,在纽约州杰弗逊县安大略湖边一棵树的树梢上,气球毁坏了。)

怀斯梦想利用急流进行航空旅行,他的梦想在一个世纪后,也就是二战后才实现——当时,泛美航空的先驱客运航班从东京飞到了火奴鲁鲁。在急流中飞行能节约三分之一的航行时间,从 18 个小时缩减到 11.5 个小时。那次飞行之前,急流是一个危险的、无法预测的谜。我应该知道:急流差点就杀死了我的母亲。

我的母亲伊芙(Eve)是一名远胜于我的先驱。她的冒险是从赫斯顿机场开始的,而且并不顺利。那是在二战刚开始的某一天,她出现在那里,询问是否有可能让她飞行,结果被机场人员打发走了。但是,其中一个教练员似乎比其他人更有同情心,因此伊芙——一位美女,也是一位专业舞蹈家——施展了魅力。她装扮成男人,学习如何驾驶滑翔机飞行。她很快便开始教导新的飞行员——这些飞行员几年后将拼杀在不列颠空战中。

战争后的生活给她带来了很多新的挑战。她成为英国第一批国际航班的乘务人员。她的年代是航空旅行的先锋时期:很光鲜,但是舒适度不高——根据现代的衡量标准,甚至可以说很危险。照料英国南美航空公司(British South American Airways)飞机上的乘客跟滑翔机飞行相比,让后者看起来就像玩纸飞机一样简单。今天的航班空服员为乘客礼貌地随时提供饮料和零食。而当英国南美航空公司的飞机到达 25000 英尺时,伊芙要分发的是氧气面罩。我的父亲鼓起勇气,恳求母亲停止飞行,然后就向她求婚了。后来她依旧在彗星型客机上工作,虽然这种客机越来越少了(我们之后会讲到这个故事)。1947 年 8 月 2 日,在我母亲准备乘坐一架阿夫罗·兰卡斯特型客机"星尘号"飞行的前几天,这架客机在安第斯山脉附近失踪了。

英国南美航空公司的"星尘号"开始从布宜诺斯艾利斯飞往智利的圣地亚哥时,才投入使用不到两年。航班上的机组人员是英国皇家空军的退伍军人,他们积累了成百上千小时的飞行经验。机长是经验丰富的导航员。

乘客名单读起来就像是一部时代惊悚片的演员表：一位携带外交文件的某国国王的使者、一位涉嫌同情纳粹的德国流亡者，还有一位富有的巴勒斯坦人，他的一颗大钻石被缝在了夹克衫的内衬里。这是先驱的时代，只有非常有钱及有头有脸的人才能飞行。

在这架客机消失前不久，它用无线电发送了信息，向地面报告称飞机将在四分钟后进入圣地亚哥上空。在五十年之后，一位阿根廷登山向导在安第斯山脉的一座冰山脚下，也就是圣地亚哥东面五十英里的地方，发现了一个劳斯莱斯引擎的残骸。

杀死他们的是急流。兰卡斯特客机是唯一能飞到一定高度并接触到急流底部的飞机，而在这个区域，急流通常从西和西南方向吹来。根据估算，他们应该正在飞往圣地亚哥。厚厚的云层阻挡了他们的视线，难以观察地形。机组人员不知道，一阵大风正在将他们吹离航道，偏差超过了五十英里。

一进入云层，他们就完蛋了。这趟航班的机组人员和乘客飞入了图蓬加托雪山顶部附近一片几乎垂直的雪地。一场雪崩将他们埋葬了。

正如我所提到的那样，如今的商业航空公司经常利用急流来缩短航行时间，节省燃料。世界上共有四大急流，每个半球两个，在中间维度和极地维度绕地球旋转。横跨大西洋时，从美国到欧洲要比从欧洲到美国快，因为向东飞行能够搭急流的便车。

急流在未来还有其他用处。斯坦福大学的大气学家肯·卡尔代拉（Ken Caldeira）确信：“我的计算显示，如果我们能挖掘出高海拔急流百分之一的能量，它将给所有的文明提供能量。”他在 2007 年 5 月向《旧金山纪事报》（*San Francisco Chronicle*）披露了这样的观点。很多人都表示同意。高海拔风力涡轮机的设计有各种令人眼花缭乱的形状和大小。有些像齐柏林飞艇，有些像未来的直升机。一家名叫马卡尼（Makani）的风力能源公司，坊间盛传其在该领域取得了重大突破。公司正在开发风筝辅助的高海拔涡轮机。他们对细节高度保密，用他们的技术点亮世界可能还需要好多年，但是你肯定会喜欢他们公司的背景：他们的总裁马卡尼曾在麻省理工学院制造过能自我复制的机器，在空闲时画过漫画，教过孩子们如何制作小玩意；他还是一个专业的风帆冲浪运动员，是世界飞盘投掷冠军。如我们所料，马卡

把剑改造成锄头:阿夫罗·兰卡斯特型客机是根据英国
皇家空军的战斗机改造而成的。

尼式的人物就是那种会(如果幸运的话)推动科技进步的人。谷歌创始人拉里·佩奇(Larry Page)认为,马卡尼麾下这三十个家伙组成的致力于风筝冲浪的团队,正是我们这个时代的莱特兄弟。他已经用谷歌的 3000 万美元为他的这一豪言背书。谁知道呢? 他可能是对的。

第二部分

向上并离开

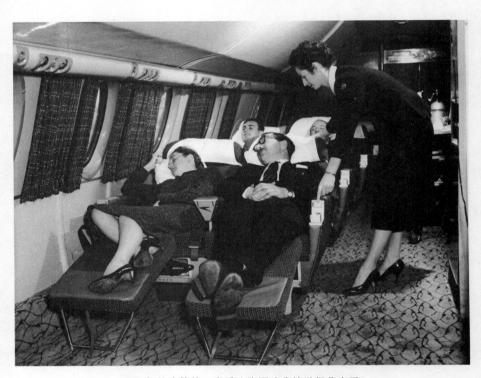

1960 年的头等舱。光看这张图片我就觉得背疼了！

第六章
缩小世界

我的一生——不论是在航空事业还是在其他事业上——似乎都在努力区分两种事：一种是**因为人们做了但不成功而没有实现的事**，另一种是**因为人们不去做而没有实现的事**。

以下是一件因为不成功而没有实现的事情。不久前，我提议把飞机从停泊处牵引到跑道起点。理论上说，这能节省大量的航空燃料。然而测试结果证明，从头部牵引喷气客机会对机身造成损坏。现在，我们正尝试给飞机前轮安装电动机。

然后，说一件**仅仅是没人去做的事**，以资对比。

说到安排机舱座位，如果要让每个人都舒适地躺卧，最好的方法是按人字形安排座位。这样的话，机舱能容纳更多人，乘客也能有更舒适的飞行体验。所有的业内人士都说，这不可能做到。所有的人都解释说，原因在于，发生事故时，安全带就会对人造成伤害。这样的说辞，就好像没有人听说过安全气囊一样。

今天，我们的人字形舱位都配有装备安全气囊的安全带，这是乘坐维珍大西洋航空公司头等舱的一项特权。

多年来，我们首创了舒适的靠椅、平床、有发型师和按摩师的休息室，以及摩托车和豪华轿车可供备选的上门接送服务。维珍大西洋航空公司是第一个在每个座椅靠背后提供个人视频屏幕的公司，我们的旅客可以选择他们想观看的电影和电视节目。这些都是取得了成功的点子。还有很多点子没有成功。有谁记得我们的机内现场娱乐表演吗?

运营航空公司最困难也最令人兴奋的挑战是——让我感到吃惊的是,几乎没有航空公司把这当回事——如何保持航空旅行的魅力。许多乘客只乘坐商用喷气飞机的经济舱。考虑到飞行可能产生惊险奇妙的体验,我认为能否让乘客获得与众不同、令人激动,或者至少是舒适的飞行体验,完全取决于我们。

2001 年 9 月 11 日永远改变了航空旅行。十九名劫机者驾驶两架喷气客机,直奔纽约世贸中心双子大厦,一架飞机飞向五角大楼,第四架飞到了一个运动场——飞机的乘客以某种方式,以自己的生命为代价,跟这些劫机者激烈抗争。

我们被愚蠢的措施、不一致的规则和政府草率的危言耸听激怒了,很容易就会忘记安全是一个重要的问题,忘记机场安全自那次袭击以来已有很大的改善。不。说真的。我们很容易就会忘记航班(尤其是美国的国内航班)曾经如何差劲。1997 年,联邦航空管理局尝试骗过安检,走私 173 支仿制枪械。他们只被发现了 56 次——检出率还不到三分之一。

"9·11"袭击后,我们必须做点什么。对于那些额外增加的安全措施,我没什么可抱怨的。我只是不能理解,为什么这些措施要做得如此粗糙,缺乏人性关怀。你想拿走我母亲的编织针? 好吧。但是,为什么我还可以在通过安检门之后买到一个充满易燃液体的玻璃瓶? 为什么我能买到剃须刀? 你何必非得让我排一个半小时的队? 如果硬要这么做,在我等待时,能不能给我一瓶水? 你想要用 X 光照我的鞋子? 好吧。那给我一把椅子,让我坐着把鞋重新穿上好吗?

乘客必须在飞行前办理冗长烦琐的海关手续,降落后又将面临入境时的种种窘境,因此航空公司要给乘客的飞行带来乐趣,确实是一项具有挑战性的任务。因此,我们要从小事做起。无论如何,我们都会努力让你微笑。"请确保您的座位保持直立状态。"澳大利亚维珍航空公司的新安全动画说道,"检查您的托盘桌是否已折叠起来? 您的头发是否整齐?"澳大利亚维珍航空公司的总裁布雷特·戈弗雷(Brett Godfrey)与民航局在这件事上分歧颇大。民航局认为这种提醒是在贬低乘客。布莱特外出了几周,回来时他带着的数据证明,乘客更注意这类"贬低乘客"的提醒。

我简直不敢相信我们还在争论这些问题。维珍蓝航空公司(Virgin Blue)的机舱人员很多年来一直坚持把安全简报变成杂耍表演,他们的理由很充分，效果很明显。当乘务员告诉你救生衣上的哨子是攻击鲨鱼的完美武器时，你会大笑，乐得浑身颤抖，而且会记住救生衣上有一个哨子。

我一直相信，航空公司的工作人员其实是在娱乐圈工作。他们必须如此。每天，航空行业都会让五十万人进入一个狭窄的金属管，每次都要待上好几个小时，并且一定要让他们完全按照指令行事。为了每个人的安全考虑，我们必须永远不能忘记，我们正在对人类的天性提出非常苛刻的要求。

我一生中的很多时间都在空中度过。我早已习惯在飞机上睡觉了，而人字形排列的座位足以保证我度过舒适的夜晚，虽然这听起来有点像广告。舒适——但是时间很短暂。离飞机降落还有很长一段时间，我就起床了，然后走到过道向乘客问好。我的露面对公司品牌有所帮助；更有用的是，我可以亲自看到我们还有哪些可以改善的地方，还可以怎样提升服务质量。对于机组人员来说，他们也不会跟我渐行渐远。

伦敦的杜莎夫人蜡像馆总是让人毛骨悚然，但在维珍大西洋航空公司二十五周年纪念日，我们的营销人员做了一个更栩栩如生的"蜡像展"。他们让一些"不幸"和我长相神似的人走进同一个房间。这个方案看起来很不错。我进入房间，不断向自己微笑，或者打招呼，一次、再次，又一次。我努力不让自己换气过度。

派对结束后，我开始了我的环球飞行。这次，琼再也不必担心我的安全了。我没有任何打破世界纪录的念头。我只是在很宽敞的喷气客机上舒适地进行环球航行。从希思罗机场到香港，悉尼，洛杉矶，再回到希思罗机场，这次旅行大约要八天时间。这次旅行中有一个"第一次"，在于我口袋里的机票——每一张机票都是维珍航空的。

我进入这个领域时最不敢想象的事情——我当时是驾驶着二手波音747 的弗雷迪·莱克（Freddie Laker）的粉丝——就是有一天可以乘坐维珍航空公司的飞机环游世界。那天晚上，当我登上维珍大西洋航空从希斯罗机场开往香港的航班时，这家公司的成就令我惊讶。由我投资创立的这家公司经过多年的发展，现在正毋庸置疑地让世界变得越来越小。

对世界来说，这意味着什么？二十世纪四十年代，对于经历过两次世界大战恐惧和伤痛的人们来说，世界变小对每个人而言都是个好主意。载人飞行能让人们无论身处何地都会产生离家不远的感觉。它能把全世界团结在一起。我深信，它已经在这样做了——我很清楚，航空业所作出的所有努力无疑都得到了回报。

二十世纪五十年代,飞机把西方文化——还有美国品牌——传播到了全世界。1961 年,希尔顿酒店已经遍布各个大陆(除了南极洲)——而人们也开始抱怨,国际旅行的感觉没有之前那么强烈了。查尔斯·林白说:"当我待在某个国外的'美国酒店'时,最强烈的感受,便是关于当地居民和旅游者有何区别"。

世界越小,我们就越要珍惜它的丰富性和多样性。全球航空业拥有昂贵的飞行器,制造了垄断,并设定了跨国管理制度。它的多样性似乎并不十分明显。

航空业发展至此,似乎并没有什么合乎逻辑的理由,它的状况和属性大多是在 1944 年由《国际民用航空公约》规定的。这个公约亦被称为《芝加哥公约》,目的是为了规范和管理在空中飞行的飞机,从而造福世界。该公约诞生的原因在我们今天看来似乎非常奇怪,但如果考虑到二战时德累斯顿和汉堡的大火,以及广岛和长崎的原子弹,便会感到这个想法其实是很有道理的。

这个公约的最初设想是规定所有飞机都属于军事财产。在签约的时候,商用飞机和军用飞机之间还没有很大的区别。所有的飞机都符合那时的需求。一战时期的战斗机和轰炸机是老式的邮政飞机。早期的商用飞机,如波音 377 飞机和阿夫罗约克飞机,都是二战时期的轰炸机改造而成的。

公约默认民用飞机可以投入军事使用。因此(按照这个逻辑),拥有飞机最多的人就最具挑起世界大战的威胁,而私人航空公司,事实上就是私人军队!

困扰《芝加哥公约》的幽灵是,可能会有一个国际犯罪的天才,为了扰乱世界秩序而发动恐怖袭击。这个想法可以追溯到 H. G. 威尔斯的时代之前,儒勒·凡尔纳出版《世界之主》的时候;二十世纪四十年代,它几乎出现在了所有的漫画书、广播节目和系列电影中。(2004 年的《天空上尉与明日世界》将若干此类故事拼合在一起,凑成了一部谵妄的电影。)肯定有很多人会对这个古怪的想法一笑了之——直至看到 2001 年 9 月 11 日的恐怖袭击,以及本拉登的视频录像,我们再也笑不出来了。

《芝加哥公约》签署国的最终目标就是建立起客运航空旅行的自由市场。根据他们的观点,这相当于雇佣空军力量来创造一个自由市场!但是他们并没有让民用航空市场自由化,而是尽最大力量去遏制它。《芝加哥公约》让航空公司成为隶属于政府的管理机构。有着巨大国内市场的美国走

波音公司的 377 型同温层巡航者：它是 B29 型轰炸机一个举世无双的民用版。

上了烦琐的监管和保护主义的道路。欧洲人占据了更好的环航世界（从印度到非洲到美洲）的地理优势，也更愿意接受统一监管和国家控制——法航（成立于1933年）和英国海外航空公司（BOAC，成立于1946年）在创建之初就是国家航空公司。

《芝加哥公约》是一个自相矛盾的方案：它试图确保任何国家都无法主导全球的空中飞行，同时又让英国和美国成了世界上最强大的商业航空运营商（这种不平衡并不奇怪，因为它们刚刚赢得了战争）。在公约保障下的"空中自由"中，飞机有权不着陆而飞过一个国家；有权不让乘客下机就补给燃料（最有名的例子是爱尔兰的香农机场，到二十世纪六十年代为止，它都被用作北大西洋航班的停站点）；还有权经营来自另外一个国家的联运航班。为了赢得这些权利，各个航空公司都需要获得政府的批准。

政府负责制定相关日程。政府控制每天的航班数量、所覆盖目的地的数量和飞机数量，还控制机票价格。航空公司不是在为顾客服务，而是在为政府服务。如果一家航空公司无法履行义务，政府会让他们再也无法飞行。

泛美利坚航空公司——在斯坦利·库布里克的电影《2001太空漫游》中作为轨道航天飞机运营商而被人们永远地记住了——成为在公约约束下运营得最好的典型，后来被简称为泛美航空。它是胡安·特里·特里普（Juan Terry Trippe）的心血结晶，特里普是早期航空巨头中最著名的代表人物，也是美国国际航空领域无可争议的先驱。

1909年，他的父亲带他去看威尔伯·莱特飞行时，特里普第一次看到了飞机，因此受到启发。美国参加一战后，他和朋友成了海军飞行员；但是，他们并没有直面战争。特里普是耶鲁毕业生，有着显赫的纽约家族背景，本可享受安稳的青春，在华尔街从事稳定又赚钱的行业，但他觉得那样的生活太无聊。在接受一笔遗产后，他决定前往纽约航空公司工作——它为城市的潮人提供空中出租车服务。他投资了一家名为"殖民航空运输"（Colonial Air Transport）的航空公司，雄心勃勃，试图飞越加勒比海。这吓坏了他的同事。最终，他创立了美洲航空公司，该公司便是泛美航空的前身。

特里普签订了美国航空邮政合同，从基韦斯特飞行九十英里的航空邮政路线，到达哈瓦那。他还通过游说，如愿成为美国对南美洲政策的一件"选定工具"——毕竟，美国在南美洲有诸多战略和经济利益。在国务院的支持下，特里普的公司获得了南美洲降落权，在南美洲的海滨沿线建造了航站，还赢得了海关特权；到1929年，公司的名人顾问查尔斯·林白开启了飞

胡安·特里普成立了泛美航空,公司多年来一直都是美国的旗舰航空公司。

往巴拿马的航线,使得泛美航空的航线长达 11000 英里。十年后,泛美航空横跨了大西洋——这是在能够横跨大西洋的大型客机诞生前创下的壮举!

为了横跨大洋,泛美航空需要一架可以飞行 3000 英里(距离足够飞到欧洲或者夏威夷)、载重量相当于自身重量的飞机。格伦·马丁(Glenn Martin)成功设计出了这种飞机。1939 年的《时代周刊》对马丁的工作做了这样的描述:"一个人只要把时间和天赋都用在一处,就没有什么事情是他无法完成的。"这一间接的恭维,应该是在替马丁这位飞行史上最为星光黯淡的重要人物鸣不平。马丁与他的母亲敏塔(Minta)一起生活,直到她去世。他继承了母亲对飞机的迷恋。她过去常在他睡前阅读报上关于航空先驱最新试验的飞行故事,从美国工程师奥克塔夫·陈纳到德国发明家奥托·李林塔尔。马丁的第一次飞行实验是箱型风筝;他每天制作三只箱型风筝,然后在敏塔的厨房以每个二十五美分的价格卖掉。他还做过帆船实验,而且发现了利用风力的新方法,让风推动他穿着溜冰鞋滑行,甚至是推动他骑在自行车上前进。

他在 1912 年创立了格伦·L·马丁公司(公司存在至今,成为航空业巨头洛克希德·马丁公司的一部分),主要为美国军方制造飞机,后来也为泛美航空制造了三架大型的四引擎飞机——这些飞机象征了航空业的魅力和奢华。

虽然马丁的 M-130 飞机是为跨大西洋航班而设计的,但这些飞机却朝着相反的方向飞去——它们横跨了太平洋。虽然特里普想设立开往欧洲的航线,但在一开始就遭遇了政治阻碍。英国试图保护由肖特兄弟公司制造、帝国航空公司运营的"帝国"飞艇,不大可能授予特里普在他们领土上降落的权利。由于英国人的地盘包括纽芬兰和百慕大,所以,马丁的飞机不可能横跨大西洋。

因此,特里普选择继续等待时机。他把第一架 M-130 飞机命名为"中国飞帆号",向太平洋飞行。特里普又一次向美国政府游说。泛美航空野心勃勃,想开辟直抵中国的太平洋航线,而美国政府也想要扩大美国的影响力,以免被日本领先,因此他们不谋而合。特里普得到政府的协助,横跨太平洋,在夏威夷、中途岛、威克岛和关岛建立了基础设施——根据《芝加哥公约》,泛美航空必须履行民用航空公司的使命。于是,它成了一件外交工具、一家国家航空公司。

1935 年 11 月 22 日,"中国飞帆号"在 25000 人面前进行了闻名遐迩的飞行表演。飞机装载着五十八个邮袋，从旧金山湾区的水域飞往马尼拉。它原本应该要从旧金山的奥克兰海湾大桥飞过的，但那时大桥还没造好，而飞机重量太重，只得从桥下飞过。最后，飞机缓慢爬上空中，向西飞往火奴鲁鲁——这是它五站旅行的第一站。

泛美航空的三架马丁 M-130 水上飞机使该公司成为主导美洲和太平洋地区国际航线的公司。"中国飞帆号"提供的飞行服务可靠而舒适，乘客可以感受到机翼下方的世界不断缩小。想象一下：一夜之间从旧金山飞到夏威夷！好莱坞极力推崇泛美航空，并且拍摄了《中国飞帆号》这部电影，由亨弗莱·鲍嘉（Humphrey Bogart）主演。

"中国飞帆号"的乘客可以在私人更衣室更衣，透过大窗户观赏太平洋的景色，在餐厅享用美食，喝大杯鸡尾酒。"飞帆"的七十四个座位可以为过夜旅客转换成四十个铺位。（我也不知道他们是怎么算出来的。）去马尼拉的航班分为数段航程，前后持续时间超过五天，其中飞行时间达到六十个小时。

至少，理论上是这样。不幸的是，从夏威夷飞到加州——要飞行十八到二十个小时——所需的燃料表明，泛美航空只能在这一段路程中乘载八名乘客。这是整项服务的关键。M-130 飞机比起之前的所有客机已经有了巨大的改善，但如果特里普想要征服世界上所有的大洋，他还需要一个有同样巨大革新性的飞行器。

1936 年早期，泛美航空向制造商提供了 50000 美元的资金支持，让他们建造一架人们期盼已久的能提供跨大西洋服务的客机。

1939 年 5 月 20 日——在查尔斯·林白飞越大西洋后十二年——泛美航空的第一架波音 B-314 飞机"洋基飞帆号"从纽约起飞，开始了跨大西洋邮政飞行。客运服务在几天后的 6 月 28 日开始。当时，"迪克西飞帆号"带着二十二名乘客离开纽约，沿着泛美航空的南部航线，取道奥尔塔和里斯本，飞抵马赛。

这些"飞帆"白天可以搭载七十四名乘客与十名机组人员，晚上可以在七个豪华的隔间内容纳四十名乘客。机上有十四间餐厅和一间设在机尾的私人蜜月套房。飞机豪华宽敞，安全可靠——一次可以飞行 3500 英里。它首次提供了横跨大西洋的连续航行服务，往返于南安普顿和纽约。战争爆发后，温斯顿·丘吉尔也征用了一架"飞帆"作为自己的私人交通工具。B-314 飞机让跨洲航空旅行成为可能，它实现这一壮举比政府内任何人预计的都要早。

早期的空中旅行颠簸又昂贵——但至少你可以好好喝一杯！

对《芝加哥公约》的签署者而言，民用航空就是一个妖怪。为了世界的安全着想，必须把它坚定地装入瓶中。定期航线从来都没有想到要在自由市场中运作，只打算作为每个国家空中部队的一部分。商业并未参与其中。

胡安·特里普对于泛美航空的设想，更侧重于政治考虑而非商业追求。他梦想要创建一个庞大的全球航空系统，为世界各地的每一个机场服务，而不用太担心航班数量或者利润。在二战期间，他的设想几乎就要实现了。泛美航空成为美国政府主要的签约客运航空公司，航线从巴西穿过非洲直抵中东。1943 年早期，富兰克林·D·罗斯福乘坐泛美航空的航班参加了卡萨布兰卡会议。（回程途中，总统还在飞机的餐厅上庆祝了生日。）泛美航空实际上是空军全球空运指挥部中的平民武装力量。

尽管如此，特里普的设想最终被证明是错的。泛美航空是迄今对《芝加哥公约》的设想贯彻得最成功的航空公司。但是在公约签订的时候，陆地和天空的现实情况已发生了天翻地覆的变化。

首先，商用飞机不再能够被认定为军事财产。飞机不再只是一个主题的变种。它们已经分化了。现代军事飞机越飞越快，越飞越高，并在很多领域让路于其他标新立异的技术——火箭、导弹和卫星。新的军事飞机没有任何商业用途。

同时，商用飞机体型越来越大，越来越安全，飞行能力也与日俱增。人们开始意识到大众运输的可能性。商用航空规模开始扩张，也更国际化，而且比预期更迅速。结果便是一场商业灾难，其造成的影响如此深远，对整个行业造成的冲击延续至今。

当你经营一条固定的航线时，政府会规定时段、目的地和频率。你没有灵活调节的空间。要改变目的地和行程，必须通过国际协商。

当你向公众卖机票时，机票给了他们乘坐飞机的权利。如果飞机没有坐满，照样得载着那些买了票的人起飞。现在听起来这很正常——当然应该保证买票的人乘机离去。但是，如果飞机常常空荡荡的，每周如此，问题就出现了。

在大多数其他服务行业，如果生意不好，你可以紧缩开支。你可以关闭酒店的侧厅；你可以取消电影院冷清日子里的某些场次。但是对于固定的航线，你就不能这么做了。你必须严格按照行程运营。如果不这么做，政府就会将你赶出航空业。航班座位不是酒店房间，也不是电影院座位。如果

泛美航空使跨洲航空旅行成为可能。下一站,太平洋!

电影院一个晚上没有顾客，或者酒店一周没有客人，你不会挣钱，但也不会亏很多钱。然而，飞机每次升空，机舱里的每一个座位都要花钱。

因为固定航班有固定的起飞时间，所以航空公司的每架飞机不可能一年到头都客满。运营空座位的飞机是昂贵的，而且这些花费必须在其他地方收回。唯一的方法就是提高票价。这也就是为什么从二战结束到二十世纪七十年代末，乘坐国际航班的大多数是富人。《芝加哥公约》使得国家航空公司得以——甚至是需要——在国际航空运输协会（IATA）的支持下，在高价下提供相同的航班服务。

但是，也有例外。

克罗伊登机场是世界上第一个特别建造的国际航空中转站。从 1928 年 5 月开放到 1939 年关闭，这里无疑是英国访问人数最多的旅游地点。人群聚集在此，看飞机着陆，欢迎电影明星。但是，他们不能乘机飞行。对普通人来说，机票价格犹如天文数字。（用今天的钱来算，乘坐波音飞机横跨大西洋要花费 50000 英镑，或者 85000 美元！）

第二次世界大战后，假日旅行才开始有了革命性的发展。1950 年复活节前不久，在经过了与运输部的一系列争取后，包机服务在英国诞生了。这一服务由弗拉基米尔·瑞兹（Vladimir Raitz）经营，他后来创建了一个提供假日旅游服务的机构"18－30 俱乐部"。

我先简要介绍一下包机服务是如何运作的。他们为任何想要驾驶飞机的人提供设备和人员。通常想要这种服务的是旅行社，但他们接受任何人的预定。有一次，我和琼在乘坐美国航空公司的航班飞往波多黎各途中，我们在维京群岛滞留，我打电话给当地的包机公司，付了两千美元飞往波多黎各。我借了一块黑板，将这个包机费用分摊给滞留的人。每人三十九美元，然后大家都顺利到达波多黎各。

包机是一种经营航线的不同方式，简单、公平、花费少，而且经营稳定。

航空公司讨厌包机，他们费尽心思抑制包机旅行的发展，并维持国家航空公司的垄断地位。国际航空运输协会有一条奇怪的规则，规定包机乘客需要先参加所谓的"亲和团体"，并成为会员满六个月，而这种团体的主要目的不是旅行。这造成了很多麻烦。造假组织在每个机场都出现了，当你到达机场时，可以选择倒填入会日期。"这些组织会起这样的名字，比如左翼

两次战争之间的那些年，伦敦机场位于克罗伊登，这是一个浪漫而迷人的地方。

俱乐部或者右轮俱乐部,甚至伯明翰玫瑰种植者协会。"弗雷迪·莱克回忆。他的莱克航空公司经常因为运载假冒的玫瑰种植者到美国而被罚款。

到 1971 年,这成了一个马戏团。而弗莱迪·莱克则是马戏团导演。

弗莱迪·莱克对航空旅行的幻想可以追溯到二十世纪三十年代。当时,他和他的朋友正站在坎特伯雷一家炸鱼和土豆片店外面,顺着道路看向大教堂。"我们正在吃着旧报纸包的炸鱼和土豆片。站在街边。兴登堡号肯定不是从德国来的,当然肯定是要到美国去的,亨德里·佩奇 42 号四引擎双翼机正从克罗伊登飞往巴黎。我的意思是,这两架飞机截然不同,而它们当时正飞越坎特伯雷大教堂的上空。然后,我对我的朋友说:'我要抓住这个机会。我要进入航空行业。'"弗莱迪后来出了名,有了钱,并受到人们的喜爱。他曾向《芝加哥公约》提出挑战——而且几乎就赢了。

弗莱迪·莱克航空事业的早期老师是阿诺德·沃森(Arnold Watson),此人是嘉实多公司的公关经理,后来是空运服务队(Air Transport Auxiliary)的首席试飞员。空运服务队的飞机从工厂飞到英国皇家空军基地,从一个基地飞到另一个基地,又从战场飞回工厂进行维修和检修。空运服务队的飞行员并没有接受过战争训练,但是在战争期间,他们花在飞行上的时间比任何人都要多。在成千上万的所有战争服务队中,空运服务队赢得了真正的荣誉。

弗莱迪和阿诺德·沃森一起对战后民航事业产生了各种想法,并制定了许多计划。这些计划都很不错,1946 年愚人节,莱克成为英国欧洲航空公司(英国最初的国家航空公司)首批八名员工之一。"但是我只在那里待了三个月。工作很无聊,而且,你知道,国有化氛围浓郁。"

弗莱迪进入了军用剩余物资行业,这是一个和破铜烂铁打交道的行业,也是个有利可图的行业。直到苏联对柏林进行了封锁,弗莱迪才回到了他最初的挚爱——航空业。

二战结束时,第三帝国的领土在同盟国之间划分,分属英国、法国、美国和苏联的势力范围。首都柏林位于东部,本来在苏联管辖的区域内,但由于它是首都,因此被区别对待。《雅尔塔协议》的每一个签署方,都在得到了德国的一部分的同时,得到了柏林的一部分。

1948 年,随着冷战局势越来越紧张,苏联军队封锁了同盟国通往柏林的道路。这种对峙并未流血,还没到把飞机从空中射下来的地步。因此,苏联无法阻止飞机进出柏林。

弗莱迪·莱克推出了廉价机票,开始与几个强大的对手竞争。

这张纪念邮票使人回想起柏林空运。

政府雇来航空公司突破苏联的封锁。弗莱迪一开始只把它当成另外一份工作。"我们是这样看待它的:'好吧,我们一起干吧,做这项工作会让我们赚个几镑。'但是,不久之后,你知道,在我们进入正轨两三个月后,这项事业成了我们的奋斗目标。"

同盟国的物资供给飞机遭到警告和侵扰,但是没有被一颗子弹打中过。为了缓解柏林的包围而匆忙组织起来的空运机,将为二百五十万柏林人提供食物、衣服和取暖材料,苏联人认为这种做法是不会长久的,断定几个星期后物资供应就会逐渐停止,然后同盟国便会放弃这个首都。但是,他们错了。

又是一次敦刻尔克战役。英国政府大臣厄内斯特·贝文(Ernest Bevin)吩咐空军大臣亚瑟·亨德森(Arthur Henderson)"让天空充满我们的飞机"。从 1948 年 8 月开始,一年内,230 万吨的补给品被空运到了这座陷入包围的城市。

空运补给品到柏林的所有货运飞机,只有一部分是民用飞机,但这对参与其中的飞行员和公司来说没有损失。他们当时驾驶的破烂的旧战斗机,其中大多数甚至可以说只是几千个紧密排列在一起的铆钉而已。弗莱迪的公司叫做"邦德航空服务公司"。这是一家几乎要破产的公司,他后来又通过六架作为战争剩余物资的哈利法克斯轰炸机和配备各种零件的飞机库,重振了这家公司,使之成为一家典型的空运机构。按照弗莱迪自己的估计,他的哈利法克斯轰炸机"快要报废了,话虽如此,它们也是我们唯一拥有的飞机"。

罗杰·埃格林(Roger Eglin)和巴里·里奇(Barry Ritchie)在他们的传记《让我飞翔,我是弗莱迪》(*Fly Me*,*I'm Freddie*!)中抓住了时代的精神:"在 1949 年 3 月,邦德公司的飞行员约瑟夫·维亚特金(Joseph Viatkin)在运送完脱水土豆后,从柏林加图机场起飞。当一个引擎在 1000 英尺的高空失灵时,他耸了耸肩,靠着其他三个引擎继续飞行。工程师们立刻就换上了另一个引擎。"六个星期后,同一架飞机迫降至一处施工基槽内,基槽立刻被推土机推了出去,为已经在后面滑行的飞机让道。"莱克的员工们在飞机跑道旁将这架哈利法克斯拆解,留下了尚有利用价值的材料。"

邦德的哈利法克斯飞机可以运送的货物十分有限。

英国、英联邦和美国的飞机每天向柏林运送上万吨的食物。

我们运送油桶、煤、蔬菜、土豆等东西。我想我们飞行了大概 4700 架次。在空运后，我想，我们接下来应该做什么？我们赚了一些钱，接下来会发生什么呢？我得出结论，大多数人会继续在航空业发展，这个行业会变得很有竞争性，而他们中间十有八九会破产。因此，我经过仔细考虑，觉得是时候停止了。事实上，我已经有一年没飞行了。

弗莱迪全力投入飞机零件行业，将旧的战时飞机拆成铝制铸块。他说他维修和回收飞机时感到非常开心，他的飞行岁月结束了，但是这项事业已经进入了他的血液。

1949 年，他在比利·巴特林（Billy Butlin）战后新建的度假村内驾驶过游玩的飞机和包机。然后，当"十有八九"的在战后创立的航空公司破产并消失，同时看到政府也是包机航空服务的大客户时，弗莱迪咬紧牙关，创立了一家航空公司。

不久，他就碰到了那些抑制包机航空发展的琐碎规则。这种规则愚蠢得让他忍无可忍：为什么那些想要买便宜机票的乘客不能在机场排队买票，就像那些在火车站和汽车站排队买票的乘客一样呢？

弗莱迪带着一本圣经，和他的律师出现在盖特威克机场。他让乘客们发誓效忠于他们虚构的俱乐部。当局没有被他们的行为所打动。约三十人被赶出了航班。"我大声叫喊，上了头条，发誓要奋战到底。"弗莱迪回忆。接下来，他进行了历时七年的法律斗争。

在二十世纪七十年代，弗莱迪历经千难万阻去实现他的梦想。1971 年 6月 15 日，莱克航空公司提交了一项申请，准备发起"空中列车"服务，这是世界上第一个低价预定航班，路线是从伦敦到纽约。"即上即下"的航班运作，意味着售票原则是先到先得。机票非常便宜，冬天 32.50 英镑，夏天 37.50英镑，是乘坐国家航空公司航班所需票价的三分之一。他的对手试着让"空中列车"使用斯坦斯特德机场而非盖特威克机场，还尝试着将他每天能出售的座位限制在 189 个，虽然他的 DC-10 飞机有 345 个座位！

"我每天都和他们斗争，朝他们呐喊。"弗莱迪回忆。在英国法院中赢得飞越大西洋的权力后，他还必须在美国法院重新进行同样的斗争，在美国法院，泛美航空和环球航空用尽办法要将他赶出航空界。然而，在 1977 年 6月，吉米·卡特总统终于给"空中列车"开了绿灯。

"空中列车"一开始便获得了巨大的商业成功——但是，正如弗莱迪曾经说过的那样,如果要在航空界成为百万富翁,最好是在进入这个行业时就是亿万富翁。在 1982 年 2 月 4 日,这项服务突然破产,欠了 2.5 亿英镑。后来,弗莱迪·莱克在 1988 年向我确切解释了个中详情。

定期航班这一行更喜欢大型航空公司。想想吧,大型航空公司可以对机票大减价,在亏损的状态下运作,抢走小公司的生意。通过降低票价,大公司能将飞机座位填满,这样一来,每个座位至少能得到一些收益。它总能从其他航线中赚回利润,而且一旦打垮了竞争者,它又能继续盈利。而小公司即使在飞机座位有很多空余的情况下,也必须起飞。(这是你不得不签订的协议,如果你想要提供定期航班服务的话。)因此小公司的成本就会不断上升。

大公司几十年来都在通过这种方式将小公司赶出航空界。当英国航空创立了 Go 航空公司,航班廉价,它在本质上是复制了易捷航空的商业模式。易捷航空的创始人斯泰利奥·哈吉－艾奥安诺(Stelios Haji－Ioannou)断言:"英国航空允许 Go 航空公司损失 2900 万英镑。三年后,它将竞争者搞垮了,然后它就关闭了。"(幸运的是,对斯泰里奥来说,他的公司并没有被搞垮,Go 航空最后被易捷航空收购了!)

压榨竞争者是丑陋的行径。一家大型航空公司在小公司经营的航线上降价,并在其他航线上抬价,我认为这是不道德的。这场商业游戏还能做出更肮脏的举动,比如若干国家航空公司同流合污,共同压榨一个竞争者,将其赶出航空界。这就是弗莱迪所经历的事情。

驾驶空座位的飞机是很花钱的。一家突然发现自己必须飞行空座位飞机的航空公司会流血至死,而且不是一年或者几个月的事,短短几周内就会破产。一家航空公司可能三月还运营良好,到五月便破产了。结果,航空公司常常会像纸牌搭的房子,一有风吹草动就倒闭。这一特点渐渐为人所知。于是,竞争者将要破产的谣言自然而然就会成真。当你出来辟谣时,你已经垮掉了。

要将一个竞争者赶出航空界,你甚至不必降低价格。你只要放出风声,说这个竞争者正在亏损。如果谣言说的是那些主要经营低价航线的航空公司,通常会更可信,因为低价航线的利润更少。对它们的投资往往也不多。此外,它们对休闲旅游和一揽子旅游的依赖程度更深。

为什么这是一个值得注意的因素?好,假设你是一家旅行社,你刚听到一个不大可能是真实的且很恶劣的谣言,说你定期合作的经营低价航线的航空公司缺乏资金了。你会怎么做？你会无视这个谣言吗？当然不会！你肯定不会让你的顾客去坐将要破产的航空公司的航班。如果航空公司真的申请破产，那你就完了，将会给你的顾客造成损失——这样一来，你的整个客户群都会受到波及。

英国航空对维珍航空使用的卑鄙手段便是这种谣言手法最恶劣的例子。当时，英国航空终于堕落到了进行直接恶意破坏的地步：它的一个团队访问了我们的订票系统，并扰乱了我们的乘客订票。但是我猜想，英国航空如此可悲的活动也是最后一次了。散布谣言的手段搞垮了弗莱迪的航空公司，也差点搞垮了我们，不过，这种阴谋如今很难得逞了。原因很简单：经营低价航班的航空公司，比如斯泰利奥的易捷航空，使用了互联网，这让很多传统的旅行社破产了。西蒙·考尔德（Simon Calder）写了一本关于廉价航空旅行的书，名叫《毫无虚饰》（*No Frills*），书中说："我对旅行业毫不知情。我对这个行业没有什么忠诚感，我在这个领域没有朋友，我只是说，这听起来没道理，我们不会去做的。"

几年来，互联网为航空公司节约了大笔资金。当年，每张机票我们会付给旅行社7%到10%的佣金。将旅行社赶出这个领域是一种解放。斯泰利奥认为这改变了航空业，比喷射发动机带来的变化还要大。"喷射发动机改进了推进器，改进了以前的技术，但是，真正使航空业进入大众市场的，是航空公司让每个人都能够以1英镑的价格乘坐飞机的能力。能够说出'理性地来讲，从财政上来讲，我能够让每个座位只花费1英镑'这种话，就是一种革命性的突破——只有在互联网出现以后，你才能实现这一点。"

不是每家航空公司都背叛了旅行社。维珍航空就没有。作为主要经营公务舱的航空公司，我们需要旅行社。当互联网的发展给很多传统旅行社判了死刑的时候，也有旅行社拥抱了这种新技术，并进行了改革。今天的高端专业旅行社，比如美国的艺术大师旅行社（Virtuoso）和欧洲的优雅度假村旅行社（Elegant Resorts），他们通过为客户安排考虑周全的高质量旅行而发展兴旺。

不可否认，来自互联网的竞争稳定了我们的行业。因为在旅行社之间传播的恶意谣言没有之前那么有效了。今天，一个谣言要想让竞争者破产，不但得在一些大旅行社间传播，还得在想参加旅行的人之间传播。你的谣言必须十分极端，惹人暴怒，不过，在你造成任何伤害之前，你的谣言就会被勒令停止传播了。最近几年，多家航空公司合并了，但大多数都是出于他们自己的商业计划，或者是由更大范围的经济困难造成的。

当年，航空旅行是为富人和有权有势者服务的，其他人必须等到1952年，才有了环球航空推出的世界上第一个经济舱！

这没什么：在世界上更遥远的地方，一代又一代的人默默无闻地生活着，直至断气。他们对头顶上飞过的奇怪的金属装置感到困惑。比如，在二战期间，大量军事设备和物品被空投到新几内亚和西南太平洋的岛上，作为盟军抗击日本的一部分。衣物、药物、罐头食品、帐篷、武器、收音机……没有预料到的慷慨馈赠在茫然不知所措的岛民周围堆积，直到战争结束。他们大多数的宗教活动和机构也都在困惑中瓦解了。

战争结束了。一夜之间，访客们离开了。他们的空军基地被废弃了，重新变成了丛林；货运也停止了。

岛上的居民被抛弃了。他们试图再现那些改变他们生活和文化的奇怪礼物。为了让那些飞机重新飞到岛上，他们开始模仿之前的士兵、海员和飞行员的仪式。他们用木头刻了耳机，戴着这种耳机坐在假造的控制台上。他们点燃了烽火和火炬。他们疯狂地打着旗语，在他们刚清理好的"跑道"上来回踩踏。很多人用稻草建造了全尺寸的飞机模型，希望通过所谓的"对称魔法"来吸引更多的飞机。

如今，我们几乎无法想象出这种失落的世界。航空航天技术——飞机和卫星、轰炸机和气象气球——将世界变小了。它们传播了财富和知识、疾病和恐慌。如果说它们还没有传播普遍的幸福，它们至少做过这样一件事：它们让世界上几乎每个人都意识到，我们都是人类，共享着同一个世界。

最简单地说，航空业克服了所有地理上的障碍。苏联人对此体会颇深。为了将这个横跨欧亚的大国团结在一起，他们创立了俄罗斯航空公司。这并没有带来一种愉快的飞行方式，但是，正如记者西蒙·考尔德提醒我们的那样，这也是"所有航空公司中最大的一家毫无虚饰的航空公司"。甚至在1991年苏联解体的时候，你还可以从明斯克飞到基辅，275英里，票价不足一英镑。

美国的国内航空市场有效地缩小了美洲大陆，旅行者很少能感受到这个国家真正的大小。英国和加州差不多大。得克萨斯比法国、比利时、荷兰和瑞士加在一起还要大。乘车穿越一个州要花费几乎一个工作日的时间，而坐飞机只要一小时。

比起其他大洲，澳大利亚可以说就是通过航空旅行而形成的，所以也难怪那里的航空故事可以追溯到载人和动力飞行的先驱时代。澳大利亚航空队参与了第一次世界大战，为澳大利亚提供了成百上千的经过高强度训练的飞行员，还提供了很多飞机和飞机库。到第二次世界大战，澳大利亚人的飞行距离和飞行员数量比其他所有国家都要多。现在，澳州大陆通过航空业务而紧密团结在了一起。有些服务我们很熟悉，包括运送货物、邮件和乘客。（澳大利亚国内航空公司维珍蓝航空的成功并不令人惊讶：没有优质的国内航空服务，澳大利亚就无法作为一个现代国家正常运作。）其他的服务则是澳大利亚独有的，是为了应对这个人口稀少的巨大国家特有的挑战而产生的。其中最著名的服务是"皇家飞行医生服务"（Royal Flying Doctor Service），由约翰·弗林（John Flynn）创立。约翰·弗林是一名长老会牧师兼飞行员，出生于 1880 年 12 月 25 日；就是在这一年，澳大利亚最为臭名昭著的歹徒内德·凯利（Ned Kelly）被处决。

1911 年，当弗林刚开始他的传教工作时，在两百万平方公里的区域只有两名医生！弗林开始在遥远的内陆地区创建灌木丛医院和酒店，但是，这治标不治本。弗林在为内陆地区的医疗发展奔走呼喊时，讲述了许多真实的悲惨故事。其中最悲惨的大概是吉米·达西（Jimmy Darcy）的遭遇。他是一名畜牧业者，1917 年 8 月在澳大利亚西部的霍尔斯克里斯从高处坠落，膀胱破裂。他的死亡非常悲惨，持续了很长时间。当其中的细节被人知晓时——如果最近的医生不需要经过十天才能到达现场的话，他的死亡本可以避免——这个故事取代战争新闻，成为澳大利亚一些主要报纸的头版头条。这个事件比其他任何一个事件都更大程度地促进了澳州后来医疗机构的发展。

克利福德·皮尔（Clifford Peel）中尉是维多利亚时期一名年轻的医学生，对航空业很感兴趣，曾写信给约翰·弗林，将飞机称作是唯一可以"满足散居在温德姆与克朗克里之间、达尔文与马里之间的人们出行要求"的交通工具。皮尔在这方面做足了功课，信中列出了这项服务涉及的成本、速度、距离，甚至包括可能需要的辅助设施，他对这些因素均进行了统计分析。

战争结束前不久，皮尔在飞越一条德国战线时遇难。但是弗林收到了他的信，而且肯定了他的愿景。1928 年 5 月 15 日，"空中医疗服务"（Aerial Medical Service）创立了，并在昆士兰州的克朗克里进行了一年的试验。它为澳大利亚服务至今。

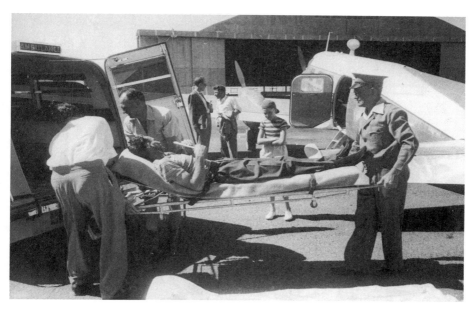

从 1928 年开始，"皇家飞行医生服务"拯救了许多澳大利亚内陆人的生命。

在澳大利亚，人们的生活深受航空影响。他们的文化亦是如此。澳大利亚的白人殖民者多年来都靠航空旅行与他们的欧洲亲属保持联系。如今，澳大利亚和亚洲之间的廉价航班正在塑造新一代人，他们更加自信也更加独立地看待这个世界。同时，澳大利亚土著人中的艺术家、音乐家和作家也飞行到了全球各个角落，他们表演、写作、将自己的故事拍成电影，展示给来自各个文化背景的观众看。

文化要靠先驱者去开拓，就像各个行业一样。这些年来，维珍大西洋航空诞生了多少各式各样的先驱？它让多少冒险成为可能？商人正忙着开拓新市场；勇敢而独立的度假者让自己在几周内都得面对陌生的人、陌生的习俗和陌生的观念；作家、记者和电影制作者正赶往地球的另一端寻找故事——这些人改变了世界。

不是说航空旅行者特别高尚。只是这些小事增加了国际信任和友谊。芭芭拉·卡萨尼（Barbara Cassani）曾经营过英国航空短命的廉价航空公司Go，她是这么来理解的："我们改变了人们的生活……开个玩笑，我正在期待因为我对人类作出的贡献而获得诺贝尔和平奖。"

当人们在境外买下第二套房子并乘飞机上下班时，或者乘坐低价航班去定期看望国外的男女朋友时，我们就更能彼此理解了。在法国，失去活力的乡村社区因为英国居民的涌入而重新充满活力。人们一度担心这种涌入会影响社区的发展——后来，房子造好了，道路修好了，学校也重新开放了。瑞安航空和易捷航空将欧洲连结了起来，且比任何其他战后条约的连结作用都更为有效，而且他们向东欧的扩张，也只可能会改善欧洲大陆的政治命运。

如今，世界上每个主要城市，如果想要发展并扩大，都需要一个机场。很多单一民族的国家靠旅游获得收入。今天，国际旅游业的收入大约是每年9440亿美元——如果算入机票价钱的话，差不多要达到一万亿。

即使是对最富有且最发达的国家来说，要经营一家安全有效的民用航空公司，也是一项耗资巨大的事业。从飞机、机场及其维护人员，到地面交通和空中交通管制系统，有无数必不可少的投资花费。对于贫穷的国家来说，问题不好解决。

首先，他们必须驾驶旧飞机。这类飞机会很便宜也很可靠，飞机本身的所有问题都已事先处理完毕。但是，维护这些飞机需要花钱，而且，它们会消耗大量燃料。这很快就会让贫穷国家的航空公司处于劣势。更别说人力资源上的花费。如果省掉昂贵的维护费，那些老飞机就会从天上掉下来。非洲部分地区的航空安全记录十分骇人。飞机常常出事故，尤其是在苏丹和尼日利亚。

如果你想要改善你的航空服务，还有一个更严重的问题。你必须引入外部投资。你所需要的投资额度如此之大，以至于它们足以引起各种政治危机，正如我们创立尼日利亚维珍航空时发现的那样。如何使非洲的航空服务"非洲化"，并使其真正服务并支持当地的经济，这个问题至今难以解决。要创立真正的全球航空行业，由所有人经营，为所有人服务，仍然有很长的路要走。

胡安·特里·特里普曾希望能创立一个巨大的航空公司寡头，垄断市场，为全世界服务，到达世界的每个角落。这个想法如何？其实人们并不看好。其他航空公司很快便学会了飞越大洋的诀窍。特里普曾提出将公司转型成国家控股 49％ 的垄断企业，美国国会没有被这个计划打动。1950 年，美国国会拒绝了泛美航空要求经营国内航班的许可。

作为美国外交政策的一个"选定工具"，以及美国涉外交通的垄断企业，泛美航空只不过成了又一家航空公司。它在窘境中抗争过。为美国航空航天局服务过。它犯过一些错误。它让它的会计抹去了辉煌，放任自己的服务质量不断下降。然后，1989 年，在苏格兰洛克比，它经历了一次惨剧，尽管这场悲剧不是它自己造成的。1991 年岁初，它申请破产。

第七章
煽风点火

亨利·康达(Henri Coandǎ)1886 年出生于布加勒斯特,后来成长为那个时代最富变革精神的工程师。1905 年,他为罗马尼亚军队建造了一架导弹军用飞机。五年之后,他设计并建造了世界上第一架装有喷气式发动机的飞行器。在巴黎举行的第二届国际航空沙龙上,他亲自驾驶了这架飞行器,获得了观众的阵阵惊叹和赞扬。

时隔三十六年,一架格罗斯特 E-28 型飞机冲向了天空,其使用的发动机由一位叫弗兰克·惠特尔(Frank Whittle)的英国皇家空军军官设计。这也是世界上第一架喷气式飞机。

就我们今天所知,是弗兰克·惠特尔发明了喷气式发动机。然而,让人略感困惑的事实是,喷气式发动机有很多种类,而且许多工程师都曾独立进行过发动机的研制工作。亨利·康达所发明的热喷气式发动机在人类航空史上是占据一席之地的;汉斯·冯·奥海因(Hans von Ohain)于 1934 年开始研制的涡轮式喷气发动机也是如此。五年后,奥海因将涡轮式喷气发动机使用在一架有着合金机翼的小型单翼飞机上,这是世界上第一架投入实用的喷气式飞机。

奥海因从惠特尔所写的文章中得到了一些顿悟,并将这些顿悟与自己的独创性工作结合在了一起(这就是为什么我们赞扬的是惠特尔,而不是奥海因)。然而,奥海因是个完全靠自己成才的人,长期以来,人们都不解为何纳粹德国政府没对他的设计发生兴趣,而更喜欢和大型制造商打交道。(二

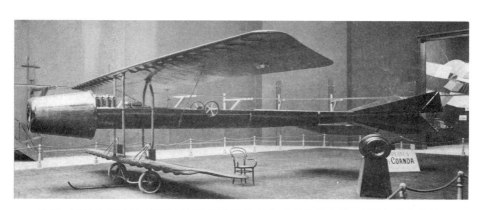

亨利·康达为罗马尼亚军队研制的导弹军用飞机：这是世界上第一架喷气式飞机吗？

战后奥海因接受了美国人的聘请,并前去会见了弗兰克·惠特尔。两个人一见如故,成了好朋友。)

那么,喷气式发动机是什么呢?简单来说,它就是任何从一端喷射出一股液体的同时,会产生大小相等、方向相反的作用力的任何东西。在迪士尼早期制作的一个关于太空旅行的动画片中,这个动力原理通过一只打喷嚏的狗生动地向观众展示了出来。只要这只狗往一个方向打喷嚏,它的屁股就会(沿着看起来非常科学的坐标纸)向相反的方向滑行。

火箭的工作原理是点燃燃料,并将燃料从一个喷管里喷射出去。火箭的一个问题在于,必须一次性带足所有燃料,以及燃烧这些燃料所需要的氧气。让我们看一下“阿波罗号”火箭的发射轨迹:在发射升空前不久,你可以看到液态氧的细流在重达三千吨的“土星5号”运载火箭火焰里蒸腾成团团白雾的样子。要将人带到月球上,这些液态氧是必不可少的。

喷气式发动机压缩机身周围的空气,并利用被压缩的空气将燃料点燃。康达研制的热喷气式发动机利用内燃机推动飞机的螺旋推进器;但发动机产生的部分能量也被用来对流入发动机的空气进行压缩。然后,压缩的空气和燃料在飞机内的燃烧室里混合并点燃,进而产生排气射流,驱动飞机向前飞行。早在1905年,工程师们就认识到了康达的新型推进系统的重要性。推进器和驱动推进器的活塞发动机越来越先进,然而,飞机飞得越高,空气就越稀薄,推进器的效率也越低。还有另外一个更大的问题:一旦推进器螺旋桨叶的速度快到突破音障,推进器就开始失去效用。所以即使是在低海拔高度飞行,螺旋桨发动机也只能推动飞机到一定的速度。航空设计师们知道会遇到速度障碍的问题,因为康达已经向他们指出了克服障碍的方法。

惠特尔和奥海因制造的涡轮式喷气发动机将康达的观念又向前推进了一步。他们没有用发动机将空气压缩进燃烧室,而是采用了一个旋转的风扇——本质上就是一种改进后的推进器。风扇能对正进入发动机的空气进行压缩。燃料与压缩过的空气混合,然后被点燃。排气射流从后面喷出,并且利用一部分释放出来的能量来驱动风扇运转。风扇旋转得越快,发动机所产生的能量就越多,进而又推动风扇旋转得越快。倘若摩擦、噪音和热量不会减损系统能量,一旦一个涡轮式喷气发动机开始运转,它就会运行得越来越快,直到爆炸为止!

涡轮式喷气发动机有各种各样让人眼花缭乱的种类。涡轮螺旋桨式发动机尽可能地利用发动机的能量来驱动推进器。它在低速运行的时候极其有效,这也是为什么大型军用运输工具仍使用螺旋桨推进器而不嫌弃其式样老旧。涡轮风扇式发动机在涡轮螺旋桨的基础上,在推进器周围安上一个整流罩。推进器将空气输送到发动机中,然后对其进行压缩做功。压缩的空气和发动机尾气混合在一起,如此一来,就加速了尾气的顺利排放,减少了尾气的扰流,提高了发动机的效率。而且,这样的设计还降低了发动机的噪音。因此,商用喷气式飞机所使用的发动机通常都是涡扇发动机。

这一切听起来都相当复杂、难以实现。事实也的确如此。弗兰克·惠特尔在研制涡喷发动机的过程中,曾两次出现精神崩溃的状况,这不是没有原因的。

惠特尔出生于 1907 年,上学的时候功课并不好,却擅长于充分利用时间。他花时间阅读了当时所能找到的所有科学方面的书籍。1922 年,他首次申请加入英国皇家空军,但因为个人身高只有五英尺而被体检的医生拒绝。一位善良的体育教练把他拉到一旁,给了他若干建议,让他知道了一些有助于通过医学委员会体检的体育锻炼方法;六个月之后,惠特尔增高了三英寸,最终得以进入位于克兰威尔的英国皇家空军学院。

惠特尔是一位英勇无畏的特技飞行员。1930 年,他被上级挑选在亨顿英国皇家空军基地举行的空中表演中完成"疯狂飞行"这一环节。彩排的时候,他报销了两架飞机。空军上尉哈罗德·雷伯恩(Harold Raeburn)对此大为不满。惠特尔后来回忆:"我走上前去,他气得满脸通红,朝我愤怒地说,'你怎么不把这些该死的飞机都毁完,怎么不把它们堆在飞机场上一把火烧掉?这样还更利索!'"

也就是在这一年,惠特尔取得了自己的第一项专利。1937 年 4 月,他发动了他的第一个喷气式发动机。这是一个用液体燃料推进的庞然大物,甚至在他关掉油阀之后还在不停地加速!一位前来参观的皇家空军军官将这个新发明描述为"纯粹而不折不扣的稀奇玩意儿,可惜不中用"。

英国皇家空军决定不开发惠特尔的喷气式发动机。他们的观点不难理解:在那个时候,如果开足油门驾驶惠特尔研制的发动机,那么,发动机将会被融成一堆冒着热气的废渣。建造该发动机所需的材料在短时间是无法找到的。而与此同时,英国皇家空军又出资将惠特尔送到剑桥深造,让其攻读研究生,希望在一旦找到合适的建造材料之后,惠特尔可以发挥作用。

惠特尔真正遇上麻烦是在 1942 年。彼时,英国飞机生产部对他的发明产生了浓厚的兴趣。英国飞机生产部迫切需要在尽可能短的时间内研制出

弗兰克·惠特尔和他研制的涡轮喷气式飞机在一起：
它几乎没有为他带来任何回报！

喷气式军用飞机,没有给惠特尔的动力喷气机公司制作样机的时间。制图板上的飞机设计图直接从动力喷气机公司送到了劳斯莱斯的制造工厂,所以,正如预料的那样,后者很快发现这些未经测试的发动机运作效果极差。面对这样一个无用之物,以及不得不履行的已签下的合同,劳斯莱斯的工程师擅自调整了惠特尔的设计。他们做得非常成功——不过,当飞机起飞的时候,他们早已把弗兰克·惠特尔对他自己的发动机拥有的专利抛到了脑后。

英国飞机生产部全然不顾商业规则,这让劳斯莱斯公司和动力喷气机公司陷入了无谓又输赢莫辨的争论。两家公司就发动机所有权以及各自对发动机具体部件的贡献问题吵个不停。在争论进行得难分难舍的时候,英国飞机生产部认为只有一个选择,那就是把动力喷气机公司从利益之争中踢出去。1944 年,斯塔福·克里普斯(Stafford Cripps)将惠特尔所在的公司收归国有。这个决定执行起来很容易,但规划时却很残酷。其实很多工作都不能说是动力喷气机公司完成的。很多年来,它所使用的都是政府设施。现在它不得不成为国家燃气涡轮研究所下属的一个研发工具。

对惠特尔来说,失去自己的公司是件很卑鄙的事情吗?我认为是的。克里普斯强烈反对自由经营,热烈拥护计划经济,而在接下来的几年内,他的政策几乎摧毁了英国的制造业。惠特尔的长期支持者,同为经理的罗尔夫·达德利·威廉姆斯(Rolf Dudley - Williams)根本就没时间来对付克里普斯。他后来写道:"我想把他打得落花流水。但不幸的是他已经死了,还被火葬了,所以我连踩踏他坟墓的机会都没有。"

1941 年,美国的研究项目距离喷气式飞机的研制只有一步之遥。美国技术落后于英国,要是在和平时期,英国的优势很可能具有商业意义。但是,第二次世界大战正在进行,时不我待。惠特尔亲自飞到美国帮忙开发喷气式飞机,而就在同一年,英国将喷气技术免费赠与了美国通用电气公司。

很多人争论说,英国的慷慨赠与使其失去了在飞机制造业的领先地位,而让美国成为老大。其实,这不过是英国人表达自己沮丧情绪的方式罢了。英国的劳斯莱斯公司现在还是世界第二大飞机发动机制造商,地位仅次于美国的通用电气航空(GE Aviation)。2008 年,劳斯莱斯的年度总收入超过了九十亿英镑。英国最大的飞机制造商 BAE 系统公司,其前身是曾被收归国有的英国宇航公司,如今是世界第二大和欧洲最大的国防承包商。更值一提的是,2009 年,BAE 成为英国严重欺诈办公室(British Serious Fraud

Office）有史以来最大的调查目标——这种"荣誉"，本该不要也罢！

英国在世界航空领域的表现从来都不差；但自从二战结束之后，英国老是沉浸在自己的辉煌过往中。换句话说，英国一直饱受"彗星"的困扰。

德·哈维兰公司开发的彗星型飞机对英国来说是具有开创意义的客机。它是世界上第一架喷气式客机，配有增压式客舱，这个特点使其比其他任何客机都飞得更高、更远、更快，也更平稳。这架飞机噪音极低，机舱也相当宽敞（还设有一间酒吧）。最重要的一个优点是，彗星的飞行高度为35000英尺，因而可以不受地面气候的影响——要知道，气候因素是其他以螺旋式推进的飞机不得不克服的难题。在彗星型飞机的机舱里，空中旅行第一次成为一种轻松自在的经历。对这次处女飞行进行报道的电视台记者，无一例外地对着一支在餐盘末端保持平衡的铅笔大拍特拍，谋杀了不少胶片。

彗星型飞机的载客量仅有七十人，完全无法与之后出现的如波音707那样的大型美国客机相比。然而，这又有什么关系？它的速度是竞争对手道格拉斯DC-6型飞机的一倍半，而且正在顺利地成为全世界迅速扩张的民用航空公司所采用的小型客机中的标准机型。当时，彗星型飞机可谓广受欢迎，不仅深受机组人员和空服人员的喜爱，还深得乘客的信赖。

英国海外航空公司（BOAC）的781号航班首先出事。该航班从罗马的钱皮诺机场起飞，几分钟之后就坠入了地中海。这一天是1954年1月10日。三个月后，南非航空公司的一架彗星型飞机又掉进了那不勒斯附近的海域。于是，所有的彗星型飞机都停飞了。紧接着，政府对事故的原因进行了公开调查。

很多资料都会告诉你，彗星的设计存在致命的缺陷。事实是，并不存在什么致命缺陷。据说飞机方形的机窗是一个设计上的错误，因为它无法应对飞机在35000英尺高度的压力差。实际上，这些方形的窗户一点问题都没有。真实的情况是这样的：飞机的窗框本该通过高温密封技术用胶水粘接到机身上，这个过程所利用的专利技术被称为Redux。一位飞机监理工程师担心光是用Redux密封窗框还不够，他吩咐工人们将窗框用铆钉又固定了一遍，本意只是想再确保一下牢固性。而在凹凸不平的铆钉周围，即便是最小的疲劳裂纹也会使机舱的表面产生破裂。于是，在很短的时间内，就发生了爆炸性的减压和机身的灾难性故障。

对一架失事飞机进行艰苦的重建之后,彗星型飞机的致命缺陷暴露了出来。

如果及早发现错误，就可以及时改正过来。然而，倘若错误及早显现的话，它甚至都不会被认为是错误——只不过被当成在研发新型飞机的道路上拐错的一个弯而已，一如过去经常出现的那样。但是，无论多么细致的测试都不能预知未来的情况。对一架民用飞机来说，德·哈维兰公司的测试部门已经相当严格了，尽管如此，事先没有任何迹象表明会出事故。

德·哈维兰公司并没有不战而降。他们重新设计了彗星型飞机的窗子，并生产出了"彗星2号"。1958年，公司又生产出了"彗星4号"，这是一种豪华客机，也是英国首架横跨大西洋的客机。然而，就在德·哈维兰公司的飞机凋零落地的同时，美国的波音公司和道格拉斯公司却从前者的堕机事件中吸取了宝贵的教训。

波音和道格拉斯受到激烈竞争的驱动，在各自独立经营的前提下，一齐开辟了飞机的新时代。道格拉斯的DC-8比彗星4号的速度要快，而且营运的成本也更低。彗星型飞机的衰落使得英国在航空建设方面落到了后面。然而，还存有一线希望。当时，英国皇家飞机研究中心（RAE）从事"火神"战略轰炸机研制工作的工程师研究了德国关于高速航空器的研发情况，因此，他们对超音速机翼设计的了解比世界上任何人都多。具备了这方面的知识后，他们就有可能超越波音和道格拉斯，甚至还可以建造出世界上第一架超音速客机！

声音在空气中的传播速度是每小时750英里。你可能会认为以这个速度飞行是一件复杂而困难的事情，其实并没有那么难——你要做的就是在地面上确定一个降落地点而已。

第二次世界大战的时候出现了一些真正意义上用特技飞行的战斗机。其中一架就是三菱零式战斗机。这是一架让人称奇的机动性战斗机，速度非常快。而问题就在于：零式战斗机躲避敌机的能力不在话下，但俯冲后却很难上升起来。飞行的速度越快，飞机前方的空气密度就越大。（想想聚集在汽车挡风玻璃上的雨水：汽车慢下来的时候，雨滴也会神奇般地变得轻柔起来；而当汽车加速的时候，汽车的刮水器就必须忙不迭地清除掉挡风玻璃上的雨水。）零式战斗机能够轻易地接近或者超越声速，从而把重力的约束远远抛在后面，但是，它们机翼操纵面的强度无法对抗扑面而来的空气重压。最终，零式战斗机开始赢得盛名——与其说是因为它们频频坠落地面，还不如说是由于它们总是将地面撞出大坑。

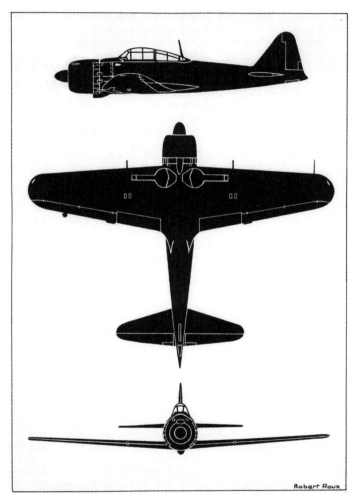

三菱零式战斗机：飞机非常卓越，直到后来它发生了速度失控。

声音是空气的一种运动。当空气的速度达到大约每小时750英里的时候，还可以传播信息，再快就不行了。如果以更快的速度撞击空气的话，空气就来不及给你让路。它会发生爆裂。很多物体的速度都超过了声速：旗帜的前缘、牛鞭的尖头（鞭子发出的爆裂声就是一种微小的音爆）、被恶意挥动着的浴巾的尾部，有时候还包括螺旋桨的尖端。如果螺旋桨叶足够长，而且旋转得很快，它尖端的速度就会超过声速。当这种情况发生的时候，通常被扇到螺旋桨叶后面并产生向前推动力的空气便会发生爆裂，而且是连续不断的爆裂，所形成的驻波——这是一种冲击波——会在螺旋桨叶前方造成扰动。事实情况没有听起来那么严重：你还好好地在空中保持着平衡。但是，你却无法更快地行进了，而且飞机的燃料消耗情况也会恶化。

正是因为并非被设计用来进行超音速飞行的飞机碰到了各种各样彼此不相关的技术难题（无论是喷气推进式还是螺旋桨推进式），才导致了"音障"这个概念的产生。这个问题确实存在，但却只是一个技术障碍，不是物理障碍，而且早就不再被看成一个问题了。如今绝大多数超音速飞机的速度已经达到了音速的数倍，其中并没有发生什么突发性的技术过渡。

超音速飞行的确和亚音速飞行不同，这些不同之处让人觉得非常奇怪，又很有趣。航空器以超音速飞行时，机身会变热：美国空军的X-15型试验航天飞机的机身局部温度曾高达666摄氏度，听起来非常可怕！这是由于空气来不及避开航天器的缘故。空气堆积了起来。从这种空气中飞过，就像是从胶冻中飞过一样。尼尔·阿姆斯特朗（Neil Armstrong）在1962年4月20日的艰难飞行中发现了这一点，他当时正驾驶一架X-15型航天飞机，从位于加州的爱德华兹空军基地起飞。阿姆斯特朗飞到了三十九英里的高度。（这是他在执行"双子星8号"飞行前所达到的高度极限，接近伯特·鲁坦的"太空船一号"飞行距离的三分之二。）然而在降落的过程中，他将机头拉得太高，于是从大气层中弹起。飞机的高度比预计的要高30公里，且速度已经达到了声速的三倍，所以，阿姆斯特朗驾驶着飞机冲出了爱德华兹空军基地的跑道，最终偏离跑道的距离高达四十二英里。

一架 X-15 飞机在超音速飞行测试中产生锥形冲击波。

“海怪”

放眼任何普通面积的水域，最终你都一定会看见一只鸟从水面滑过。这只鸟的速度会很快，因为它正探索的是一种航空上的可能性，而我们人类对此几乎尚未开始探索。

鸟类和飞机的翼尖都会产生很大的空气扰动。然而，如果飞得接近地面的话，被滑过的两翼取代其位置的空气就不能自由地改变方向或者散开——因为被地面挡住了。于是这种风就形成了一种高压垫，而鸟类或飞机可以在这种高压垫之上滑翔。这种现象的结果就是让人难以置信的快速而节能的飞行，倘若你不介意在离地面几英尺高的空中飞行的话。

冷战期间，美国人在里海海域的卫星图片上发现了一个令人不安的物体：体积很大，行进速度很快，却让人摸不着头脑。它看起来像是一架弃置的飞机，有巨大的机身和被折断的机翼。这既不是一艘船，也不是一架飞机。这个怪物是什么？西方的情报机构大惑不解，给这个奇怪的物体取了个外号——“海怪”。

这个里海怪物是由富有变革精神的苏联工程师罗斯蒂斯拉夫·阿列克谢耶夫（Rostislav Alexeyev）构想出来的。和西方宣传几十年来所造成的印象相反，这是一个有关苏联军队伟大技术成就的故事。里海怪物在里海内来来回回了好几年，完全是堂而皇之地在深感困惑的北约国家眼皮子底下活动，将军用物资从里海的一边运到另外一边，不仅比飞机快，而且运行成本也更低。这个让西方情报机构既感兴趣又颇感担心的海怪，其实是地效飞行器，这也是苏联在开发里海怪物过程中获得的最伟大的成果。它长达328英尺，满载的时候重达531吨，并且能够以几乎250英里的时速出没，飞行高度仅离海面数米。

这只是冷战时期一个标新立异的稀奇玩意儿吗？当然，地效飞行的研发在苏联解体后被搁置了数年。然而，好的设计点子依然在延续。有史以来最好的地效飞行设计，如今正在美国和俄国公司的制图板上渐渐成形。

波音公司一直致力于开发“鹈鹕”，这是一种由涡轮螺桨发动机驱动的军用运输工具，翼展达500英尺。人们计划让其装载1300吨重的物资行进10000海里——飞行高度仅为海拔20英尺。与此同时，俄国的别里耶夫飞机公司正计划建造世界上最大的飞机。“Be－2500海王星”飞机是一架超重型的水路两用货机，最大起飞重量将会达到2750吨。它不仅可以作为传统的高海拔型喷气式飞机使用,还可以用于地效飞行,而且它能够飞洲际线路,可直接从常规海湾启航,不需要特殊设施的辅助。

它最终飞得起来吗?如果的确如此,一定要记得低头!

因为空气在飞机前端聚集,超音速飞行所遇到的问题和海轮的问题类似。厚厚的空气波被称作冲击波,它们贴在超音速飞机上,就像船首波紧紧贴在船头一样。(船首波也是冲击波:水里的波浪移动缓慢,所以船只要推开前面的波浪还是相对比较容易的。)早在1933年,德国研究人员就已经通过风洞试验发现,当空气在一架以超音速飞行的飞机前端聚集时,所产生的冲击波就在机身后面以锥形散播。飞机的机翼必须处于锥形的范围内,否则冲击波就会将压力作用于机翼的操纵面上,如此一来,飞机就无法操纵了。

这是飞机设计者们的一个难题。如果机翼太长,当飞机达到超音速时就会停止工作,飞机便将坠毁。可是,如果机翼太短,飞机可能根本就飞不起来!要想设计出一种既能以亚音速,也能以超音速飞行的机翼,并不是件容易的事。不过,对于这一难题的探索,早在人类建造超音速飞机之前就已经开始了。

迪特里希·库彻曼(Dietrich Küchemann)是德国哥廷根人,他在一次令人沮丧的不幸之后才发展出了关于超音速飞行的观念。他原打算在大学期间师从著名数学家马克斯·玻恩(Max Born)攻读纯物理学,后者是他家的一位朋友,也是量子力学的创始者之一。玻恩是犹太人,在纳粹政权迫害下,被任教的大学开除了。于是,库彻曼只得学习其他学科。

哥廷根是德国空气动力学最大研究机构的所在地。在这里,让库彻曼本人感到吃惊的是,他不知为什么就撞上了自己一生的研究方向:空气动力学。在战争期间,库彻曼为德国最早的喷气式战斗机设计了进气口。这是很重要的工作,但工作之余他还有时间发展自己的想法,而这些想法和波阻、无翼飞机以及超音速飞行有关。德国战败之后,库彻曼被"外科医师行动"(Operation Surgeon)计划选中;这是一项由英国主持的严肃计划,该计划把德国科学家和技术人员从占领德国的苏联军队鼻子底下转移走了,而不管苏联人"是否高兴"。

库彻曼则完全无意抗拒。他在英国取得了成功,没有任何思乡的理由。在范堡罗的英国皇家飞机研究中心(RAE)里,他遇到了诸如卡尔·多伊奇

（Karl Doetsch）和阿道夫·巴斯曼（Adolf Busemann）这样的人，而后两者和库彻曼一样，都是超音速飞行的先驱人物。在二十世纪四十年代末，RAE 的空气动力学部门看起来就像是德国航空设计者的天下。

RAE 的主要目的在于为英国政府研制和开发新型的航空器。战后的未来需要什么样的航空器？英国的飞机制造商和 RAE 的回答是三种十分可怕的军用飞机："亨德里·佩琪胜利者"（Handley Page Victor）、"英勇威克斯"（Vickers Valiant）和"火神"。这三种轰炸机统称为"V 轰炸机"，它们是英国在冷战初期的核心威慑武器，直至 1969 年装备北极星导弹的潜艇投入使用。

其实，早在 RAE 致力于描绘 V 轰炸机的蓝图时，无人导弹有一天将取代轰炸机这一未来前景就已经越来越明晰了。时任国防大臣的邓肯·桑斯（Duncan Sandys）在生前便已预料到了轰炸机的寿终正寝。

英国飞机公司（BAC）的工程师们所持的观点则与之不同。他们研制出了 TSR－2 轰炸机作为回应。这是一种攻击机，其主要特点是奇特的地形跟踪雷达、红外照相机、侧视雷达，以及一个结构复杂的自动驾驶仪，这些都是当时其他任何军用飞机尚未实现的配置。TSR－2 轰炸机项目被取消后，英国也就失去了当时最先进的军用飞机。

与此同时，RAE 将重心转移到一系列的火箭项目上去了，而所有这些项目——"黑箭"（Black Arrow）、"黑骑士"（Black Knight）、"美洲豹"（Jaguar）以及"云雀"（Skylark）——都一败涂地。RAE 甚至还尝试设计卫星，并小有所成，但无法获得足够的政府支持来将这些项目进行到底，以实现商业发射。对于库彻曼和他的同事们来说，他们刚刚完成 V 轰炸机项目，现在该是进行重组和重新思考的时候了。

没有了最后期限的约束，库彻曼的小组成员重新开始研究高速飞行理论，并且建造了一系列的试验飞机以研究机翼设计问题。他们此时是后掠型三角翼设计（也称为三角翼）的专家。（火神轰炸机从下面来看，就是完美的三角形。）三角翼的表面积可以使飞机在空中以正常的速度飞行；而当飞机以超音速飞行的时候，后掠型的形状可以使机翼保持在冲击波的范围之内。主要的问题在于起飞和降落。配有这样机翼的飞机在起飞和降落的时候，和地面之间的角度非常陡……

同时，TSR－2 项目的参与者找到了一个可以挽救他们辛勤劳动成果的方法，那就是调整原先的军用飞机设计，进而建造出可行的民用飞机。众人

协和飞机的发动机和机翼形状很大程度上要归功于"火神"核轰炸机。

在这一点上取得了一致意见，而这也为一架不凡的新型飞机的诞生搭建了舞台。1961 年，时任航空部大臣的彼得·霍尼戈夫（Peter Thorneycroft）在内阁会议中发表讲话，兴奋之情溢于言表。他向政府提议发展超音速喷气式客机。有了它，霍尼戈夫深信："英国就有机会获得在彗星幸飞机时代差点就到手的航空领导地位。"

在英国飞机公司，阿奇博尔德·罗素（Archibald Russell）是一位臭名昭著的完美主义者，他率先开始着手建造英国的超音速客机。他努力的结果，是一架能够运载一百名乘客，并以两倍于音速的速度横跨大西洋的飞机。[两倍于音速即"两马赫"，这是为了纪念德国物理学家恩斯特·马赫（Ernst Mach），后者在冲击波方面做了很多重要的早期工作。]这架取名"布里斯托尔 223"的飞机引以为豪的是四个奥利匹斯发动机，它们最初是为"火神"轰炸机研制的；机翼形状呈独特的凹形三角形，是迪特里希·库彻曼发明的；还有一个专为起降的陡峭角度设计的下垂状机头——如果驾驶员看得见跑道的话，这还是有帮助的！

"布里斯托尔 223"是一次非凡的技术进步，而建造过程肯定要花费一大笔钱。1962 年 11 月，英国和法国之间达成协议，平均分摊了建造该飞机的费用，将罗素主持的项目与法国南方航空（后来被法国宇航公司兼并）开发的小型超音速项目合并。

如果说协和飞机是一个了不起的机型，那么我也不会忘记该机型的局限性。它的航程不够长，因而无法抢占飞往美国西海岸和约翰内斯堡的有利可图的航线。协和飞机只能运载一百名乘客，乘坐并不舒适——当初为协和飞机设计木板般窄狭座位的人，当然不会预料到如今飞机的宽大座位。即便是头等舱的座位，腿部的活动空间也不见得好过经济舱；就算上帝也没办法让一名高个子的乘客在协和飞机的机舱里挺直身板站起来。英国航空做了一些努力，愿主保佑他们，飞机上添置了洋娃娃玩具尺寸的韦奇伍德瓷器和缩小版的银质餐具。不过，协和飞机的设计从来就不是为了追求舒适。

当飞机到达最高的巡航高度，即 60000 英尺的时候，机舱里的空气会变得非常稀薄，以至于客舱的突然失压很可能会导致乘客来不及使用氧气面罩便失去知觉。协和飞机的机窗小得叫人难受，只为了让空气在机舱里多停留片刻，为乘客争取额外的关键几秒钟时间。飞机的飞行高度很高，所以驾驶员座舱里放着一个标度盘，用来记录飞机在太空中所受到的电离辐射量。

协和飞机的飞行速度超过了地球自传的速度;如果你从东往西穿越大西洋的话,你就可以打败时钟,在时钟显示的时间之前到达目的地。它的飞行速度太快了,从一架跟它朝同一方向飞行的商用喷气式飞机上看协和飞机上的乘客,你会觉得自己是在倒退着飞行。协和飞机经过时,对空气压缩做功,这些能量进而作用在驾驶员座舱的机窗上,于是这些窗户都热得烫手。整个飞机在超音速运行所产生的热量中变得膨胀起来,因此,在随机工程师的操作台和飞机隔板之间的飞机甲板上就会出现一个缺口。寡言的随机工程师常常会趁缺口冷却之前把自己的飞行帽放进去;这些帽子如今还在那里。

协和飞机是一个激发了整个航空业想象的机型——当然我们总是假设这个行业还是有想象力的。事实证明,这个假设是令人怀疑的。

合力研制协和飞机的英法两国当初在合约中签订了一百架飞机的非约束性制造订单,但是,接下来发生的一系列几近致命性的巧合事件,却让他们连连受惊。协和飞机推出市场的时候恰逢 1973 年的石油危机,这种情况本身已经够糟糕的了;然而,真正对已经签订的首批飞机订单(买方都是像泛美航空、联合航空、汉莎航空这类当时全球最主要的航空巨头)产生严重打击的,是当时另一架飞机引人注目的可怕失事。

有人说苏联研制的图-144 型飞机是蓄意行业破坏的产物,它只是对协和飞机的抄袭而已,因为它是世界上出现的第一架超音速喷气式客机,在协和飞机推出前两个月横空出世。这样的说法并不公平。是的,苏联方面的飞机设计师可能听闻了协和飞机研制计划,然而,图-144 之所以看起来跟协和飞机相似——甚至连可以向下调整的机头这类细节都如出一辙——其主要原因在于,在当时科学技术允许的范围内,人们只能制造出这样的超音速喷气式客机。图-144 和它的对手一样,是一个精心装配的机型,虽然图-144 没有协和飞机那样节能高效,但明显比后者更大,也比后者快得多。

图-144 一问世就被西方世界称为"协和斯基",并于 1973 年 6 月 3 日在巴黎的勒布尔热航空展上公开亮相。在空中做航空表演的时候,它突然猛烈地往下俯冲,接着机体断裂并撞向地面,最终毁坏了十五座房屋,造成飞机上的六位机组人员和地面上的八位观众遇难。

这次事故的原因,至今也没有完全破解。事故发生后的很多年里,图-144 在苏联境内一直运行正常。谣言还在到处流传:当时那架图-144 险些与一架法国追逐机在空中相撞;苏联地勤人员下决心赶超协和飞机,于是

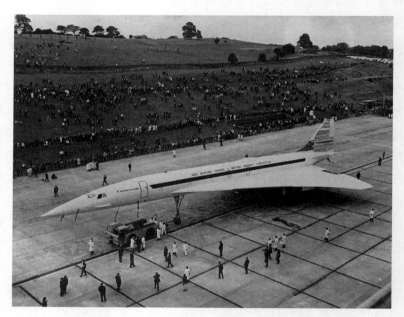

仍然是世界上最有未来观感的飞机:一架协和飞机模型吸引了大批观众。

通过自动控制系统加大了图-144的马力,结果造成悲剧;还有人说英法研制人员早就知道苏联会派间谍来盗取飞机设计图纸,于是故意在设计图上留下了技术缺陷……

不管怎么说,图-144的设计初衷是为了商业用途;而由于协和飞机跟图-144之间存在明显的相似之处,也就受到牵连,横遭损失。到最后,只有法国航空公司和英国航空公司兑现了当初的意向订单。并不是说这两家航空公司自己出钱购买协和飞机:就英国航空公司来说,用来购买飞机的钱最终是由国家贷款垫付的,贷款的条件是将飞机80%的经营利润上交国库。

当时,恰逢环保运动方兴未艾,而环保运动的首要目标之一,就是抵制飞机产生的噪音污染。协和飞机是特别容易受到攻击的一个目标,因为它的飞行速度一旦超过声速,机体经过之处,被其取代位置的空气的一部分就会发生爆炸。很多年来,飞机设计师们研制出了各种将飞机音爆最小化的方法。然而,在那个时候,人们可能认为音障是一种真正的物理障碍,是新近出现的超音速飞机所必须硬着头皮冲过去的。难怪当时有人担心协和飞机引领的未来——一个不和谐的新新世界,天空中充满轰隆声和爆炸声,飞机发动机变得更强大,轰鸣声也变得越来越刺耳!噪音控制是个严肃的问题,而解决这个问题的时代已经来临,不幸的是,协和飞机变成了攻击的靶子。协和飞机还远远称不上是天空中噪音最大的飞机——1977年美国最高法院的判决没错。当时,纽约港务局对协和飞机下了禁令,但最终这一禁令被最高法院解除。(我们在前面已经说过,在一大串噪音超过协和飞机的飞机名单上,美国总统使用的"空军一号"专机赫然在列!)

协和飞机未来发展的最大障碍来自飞机经营者自身。协和飞机是一个想成为火箭推进式飞机的机型,这个词本来就具有未来主义色彩,相当怪异,颇富争议。因此,两个运营商都不知道该对协和飞机如何处置。这两家公司犯了同样的错误。它们把协和飞机当作了普通的喷气式客机,因此飞机的基本定位就被固定化了。他们说协和飞机飞越大西洋只不过是正常的商业运作行为,只不过更奢华、更昂贵,还有……更让人坐不起。

在协和飞机运营生涯的最后半年,英国航空醒悟了过来。终于有人认识到,人们之所以选择乘坐协和飞机,不是因为客舱里的银质餐具——在这样拘狭的机舱空间内,银质餐具没有任何意义。乘客们选择协和飞机是为了飞行体验本身。乘客们想要的飞机并不是飞机设计师们想象的和航空公司原先希冀的那种重负荷机器。人们想要的是与此截然不同的东西:一种

Dryden Flight Research Center EC98-44749-7 Photographed SEP1998
A Tupolev Tu-144D supersonic jetliner is framed by the drooped-nose forward fuselage
of the Tu-144LL Flying Laboratory at the Zhukovsky Air Development Center
outside Moscow, Russia. (NASA photo by Jim Ross)

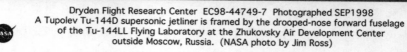

饱受诟病的图-144LL 号：世界上第一架超音速客机。

给人带来快乐的飞行器。

英国航空开始进行创造性的思考。如果你就是喜欢飞机的话,你可以来一次玩乐性质的旅行,在伦敦的希思罗机场起飞或降落。或者,你还可以乘坐协和飞机前往某地,然后再选择其他更为经济的普通航班返回原地。对于钟爱飞行速度的人来说,英国航空会向他们提供打折机票。你瞧!这样一来,协和飞机就不用以两倍于音速的速度载着空座位穿梭于大西洋两岸了。根据《星期日泰晤士报》一项报告,协和飞机赚取了惊人的巨额利润——半年时间内赚进了五千万英镑!

然而,败局已定。2001 年"9·11"事件后,人们对航空旅行的需求锐减,使得饱受燃料价格飞涨之苦的航空业雪上加霜。一些国家航空公司头等舱的座位乘客本来就不多,现在更少了。英国航空和法国航空宣布协和飞机退出航空市场,以填补各自头等舱的空置座位。

2000 年 7 月 25 日,法国航空的 4590 号航班在从法国北部小镇戈内斯起飞时碾过的小钛条,原本是飞机反推力装置的一个零件,几分钟前刚从另一架美国大陆航空 DC-10 型飞机上脱落下来。小钛条刺穿了这架协和飞机左轮的轮胎。轮胎发生爆炸,结果击中了飞机的油箱,还扯断了一根电缆。接着,油箱破裂,燃油迸溅在冒着火花的电缆线上。大火燃烧起来,而飞机的起落架无法缩回。飞机既不能继续升高,也不能加速,于是剧烈地向上颠簸起来,随后撞进了附近的酒店。机上一百名乘客全部罹难,另外九名机组人员和四名地面人员也不幸死亡。

这是协和飞机历史上唯一的重大事故,虽然这次事故并没有使协和飞机停飞,却成了乘客们不选择协和飞机的一个理由。

戈内斯空难发生之后,协和飞机被暂时禁飞,而此时英国航空和法国航空发现了一件有趣的事情:经常乘坐协和超音速客机航班的乘客,在乘坐航空公司其他普通航班的时候,会选择购买头等舱座位,似乎对航空公司保持着一定的忠诚度。这样一来,事情就很明朗了:如果英国航空和法国航空放弃协和飞机的话,不仅可以节省飞机的维修费用,还能够增加两家公司其他长途航班的收益;而且他们并不会损失乘客,因为其他航班的头等舱和商务舱空余座位绰绰有余,完全可以容纳从协和飞机上转移过来的老乘客。这样的决定很残酷,但是,2003 年的航空市场实在是太萧条。

我提出了收购英国航空协和机群的请求,而且出价和英国航空购买它时花的钱一样。根据我的计算,每架协和飞机的价格是1 英镑。一架崭新的协和飞机的估价大约是两千六百万英镑，但是有政府贷款就意味着英国航空从来都不必实际缴纳任何资金。后来英国航空进行了私有化变革，并在施行私有化之后以一架飞机账面价值1英镑的价格购进了两架协和飞机。

不知出于什么原因，英国航空竟然没有被我这个逻辑打动！于是我再次给出报价：以一百万英镑的单价购买五架飞机。英国航空还是不为所动。在他们看来，只有取消协和飞机才有望填补公司头等舱的座位空缺。倘若维珍公司开始经营协和飞机大西洋航班的话，势必会抢走他们头等舱的乘客。我不是很喜欢英国航空的做法，但却可以理解他们。让我感到更加困惑的一点是，英国政府为什么从未想到过，如果英国航空决定放弃协和飞机的话，其实可以坚持把协和飞机出售给其他公司。不管怎么说，协和飞机是属于纳税人的，而不是属于英国航空！

那时候，各种特殊利益集团——其中包括英国航空的内部员工——都热切建议应该保留一架协和飞机以备特殊场合之用。譬如说，皇室成员过生日的时候，我们仍可以调用"火神"战斗机、"兰开斯特"轰炸机和"喷火"战斗机，那么为什么不再加上英国最广为人知的民用飞机呢？

于是，我出于保护历史遗产的念头，开出了每架飞机一百万英镑的价格，为国家保存下来几架协和飞机。总部设在英国范堡罗的奎奈蒂克公司愿意保存协和飞机，而前布里斯托尔飞机公司——现在是英国航空业的巨头BAE系统公司——也表示，该公司位于布里斯托尔市费尔顿镇的工厂可用来停放协和飞机。这原本将是一次伟大的回归之旅，因为费尔顿正是当初设计和建造协和飞机的地方！事态本该这样发展，如果我只需要搞定英国航空的话。我脑子里萦绕着各种想法；我一度建议把协和飞机的一侧刷上英国航空的颜色，而另一侧则刷上维珍航空的标志！英国航空对此的回应很谨慎，但是我们有信心劝服其改变主意。

麻烦出在法国那边。协和飞机的那次重大事故发生在法国境内。很多人在此次空难中丧生，举国默哀。当法国航空决定终结协和飞机运营的时候，法国人民已经准备好了，要把协和飞机认定为一个不可靠、陈旧过时、该被淘汰的机型。而此时，有一群英国航空爱好者，他们深信协和飞机仍然还是一个卓越的机型，并且也做好了在英国本土保留一架协和飞机，并让它保持在正常运行的状态！如果事情这样发展下去的话，人们就会认为法国航空和法国政府将法国一项最伟大的科技成果不公正地给丢弃了。无论是法国航空还是法国政府都不愿使自己陷入如此尴尬的境地。甚至就在我收到来自欧洲飞机制造商空中客车公司(他们手中有将协和飞机保留下来的合同)发出的积极信息时,该公司的另一群高级管理人员却声称,他们无论如何也不会把飞机保存下来。我应该提一句,空中客车公司的总部就设在法国的图卢兹市。

事情就是这样。英国航空和法国航空为了将协和飞机运往飞机陈列馆,也就是现今这两家公司所谓的"静态展览",竟然锯掉了飞机的机翼。于是,英国人最钟爱的飞机再也无法飞行了。

当时的评论家认为,协和飞机没有什么价值可言:开发费用高昂(事实的确如此),维护费用昂贵(是事实,但有夸张成分),且运营成本很高(一派胡言)。

协和飞机是一辆跑车。你不是因为跑车比较省油而购买它的。所以,如果说一家波音747的燃油量比协和飞机节省了四倍半,那又怎样? 一架满座的波音747比一辆家庭轿车还省油! 玩数字游戏并不难。关键在于确定自己选择某个交通工具的目的是什么,然后认真驾驶它。

协和飞机所发挥的作用是它的设计者和运营商当初都没有预料到的。在让机组人员、乘客以及旁观者感到兴奋的同时,还把一种航空业的新型模式介绍给了我们:一种让长途飞行不再"长"的方法。

娱乐带领我们走向未来。新颖有趣是驱使人们选择协和飞机的原因,这甚至是比国家雄心和民族忧患更强大的力量。协和飞机从来没有想要带来一个超音速喷气式客机的时代,正如二十世纪三十年代的德拉哈耶跑车和布加迪跑车并不会带来一个遍地跑车的时代一样。对于受到协和飞机这个榜样启发的人来说,现在的挑战就是开发出速度更快、更便宜和更环保的超音速客机。

协和飞机的制造材料是当时最先进的。大部分建造材料是金属,它的后来者将使用树脂材料。协和飞机大量使用化石燃料,它的后来者则会使用工程燃料,对环境的污染也将降到最低。协和飞机尽可能往高处飞,然后缓慢地在空中穿行;它的后代将可以完全摆脱地球大气层的影响,提高飞行速度并降低对大气层的危害。协和飞机使其竞争对手的飞行时间减少了一半多,而它的后来者从纽约飞到悉尼将只需要两小时不到的时间。协和飞机曾向人们承诺,它们可以带你飞到世界的各个角落,到时候出行既方便又快捷。我相信,维珍银河航空公司(Virgin Galactic)将会兑现协和飞机当初许下的诺言。我不知道在自己有生之年是否能看到这个诺言实现,但是,协和飞机的后继者们已经在努力进行研发工作了。

普通喷气式飞机的速度不可能超过 3 马赫,因为如果达到这个速度的话,飞机的涡轮叶片就会热得融掉。火箭飞船可以达到 25 马赫,其速度快得能够到达绕地轨道;但是却必须携带大量的液态氧用来燃烧燃料。而介于传统喷气式飞机和传统火箭之间的办法,是研制出一种既简单,又不寻常,却很难制造的飞机发动机,世界上这种发动机的数目屈指可数。

除了被用来将燃料注射到发动机里的泵之外,冲压式喷气发动机里没有其他的活动部件:没有涡轮,没有螺旋桨,也没有轮轴。当飞机朝前飞行的时候,这种发动机通过自身形状就能对进入其中的空气进行压缩。它唯一的缺陷是只能在高速飞行时使用。

冲压式喷气发动机是法国发明家雷内·劳瑞恩(René Lorin)于 1913 年发明的。尽管这种发动机设计行得通,也申请到了专利,然而,劳瑞恩却苦于找不到适合建造发动机模型的材料。另一个同样是纸上谈兵的冲压式喷气发动机,比上一个还要再进一步,这是匈牙利发明家艾伯特·弗努(Albert Fonó)的作品。1932 年,他申请到了专利。他的设计初衷就是为了驱动高海拔飞行的超音速飞机!

世界上第一架由冲压式喷气式发动机驱动的飞机,是在弗努的发明亮相七年之后,由苏联研制成功的。然而,此后除了试验性质的军用飞机,这种冲压式喷气发动机很少派上用场。主要原因在于,这样的飞机需要两种推进器——其中一种推进器是为了让飞机达到另一种推进器可以运作的速度——这绝对是一项造价昂贵的计划。

冲压式喷气发动机虽然只有在速度超过 1 马赫的飞机上才能使用,但也有速度上限。这是因为,只有当发动机里空气的速度低于音速的时候,发动机里的燃料才能点燃。而降低空气的速度,又会导致发动机的温度上升到令人难以置信的程度。你如何来冷却发动机已经不重要了——在飞行速度超过 5 马赫的飞机上,冲压式喷气发动机会直接碎裂。

再来说说"超音速燃烧冲压喷气发动机"(scramjet)。这种发动机将飞机燃料注入发动机的速度提高到了音速,如此就不必再减缓进入发动机的空气流速。好消息是,超音速燃烧冲压喷气发动机允许飞行速度超越 5 马赫,并且可以在离地面 46 英里的高度正常运转,还不会给大气层带来任何危害。坏消息则是,如果发动机里空气的速度低于 1 马赫,发动机就会卡壳,整架飞机将发生爆炸。

美国国家航空咨询委员会点燃了一些火硝纸。

美国国家航空航天局(以下简称 NASA)在 X 战机计划中已经实验性地使用了超音速燃烧冲压喷气发动机,这一点我们在下一章中会详细讲到。如果艾伦·邦德(Alan Bond)能得到他想要的条件,欧洲在这方面也不会落后太多的。

邦德是一位英国前飞机工程师,他起初在劳斯莱斯公司的火箭部门工作,并带领一组科学家设计了一种名叫"代达罗斯号"的星际飞船。如今,他由欧洲太空总署资助,在开发一种发动机;该发动机不仅可以将飞机的速度提高到五倍音速,还可以将宇宙飞船推入轨道,且实现这两个目的不会给环境造成什么危害。

邦德的"反应引擎公司"位于英国牛津郡,该公司正在研发一种叫"A2"的飞机。一次典型的 A2 飞行将会从比利时布鲁塞尔国际机场起飞,途中飞机会以 0.9 马赫的亚音速静静地飞越北大西洋海域,然后以 5 马赫的速度飞越北极地区,进而取道太平洋飞往目的地澳大利亚。整个行程所花费的时间将大约为 40 分钟。而同样的距离,目前花费的时间大约是 22 小时。

A2 的秘密武器是它的发动机:一个配有奇特热交换器的冲压式喷气发动机,交换器将外来空气的热量输送给作为燃料的氢。这就意味着,即便空气进出速度很快,发动机也能不受影响地正常运行。发动机里空气的速度越快,发动机冷却得越快。反应引擎公司认为,他们研发的冲压式喷气发动机根本无须使用特殊材料制造,轻合金就能符合要求。

此外,还有"云霄塔"(Skylon),这是邦德研制的火箭飞船,一种使用氢作为燃料的航天器。这种火箭飞船从常规跑道起飞,然后加速到 5.5 马赫,最后——再次多亏了那个奇特的热转换器——冷却进入发动机的氧气,可供此后不再有大气时使用。这时,"云霄塔"会把在大气层飞行过程中收集的液态氧与飞船上储备的液态氢混合,最后变成纯粹的火箭发动机。

"这是一种很独特的想法。"马克·亨普赛尔(Mark Hempsell)如是说,他是反应引擎公司未来项目的项目总监。我完全同意他的说法!

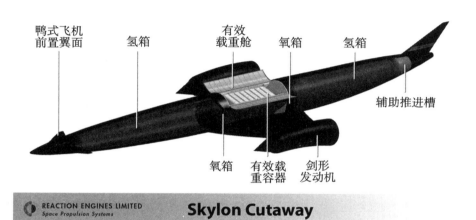

鸭式飞机前置翼面　氢箱　有效载重舱　氧箱　氢箱　辅助推进槽

氧箱　有效载重容器　剑形发动机

REACTION ENGINES LIMITED
Space Propulsion Systems
Skylon Cutaway

艾伦·邦德的"云霄塔"概念图：这架飞机认为自己是一个冲压式喷气发动机，而冲压式喷气发动机则认为自己是一艘火箭！

第八章
天空之上

1670 年的意大利,一位名叫弗朗西斯科·德·拉纳神父(Father Francesco de Lana)的耶稣会牧师公布了一种用铜制作空心球体的设计。球体的外壁被制作得薄而坚固,即使吸出球体内部所有的空气,这种空心球体表面也不会出现皱褶。德·拉纳神父认为,一旦吸出球体内的所有空气,球体将会变得比空气更轻。这样一来,它们就会飘浮在空气中。

两百年后,也就是 1898 年,一个来自马萨诸塞州伍斯特市的十六岁男孩萌生了类似的想法。他用铝来制作气球,并将氢气注入球体内部。但是,这个想法没有成功。这个男孩,也就是罗伯特·哈金斯·戈达德(Robert Hutchings Goddard),当时正沉迷于飞行的奥秘中。1919 年,他撰写了《到达超高空的方法》(*A Method of Reaching Extreme Altitudes*)这本书,精妙而又细致地描述了火箭的未来发展。在书中,他还提及了未来太空旅行的可能性。这种想法遭到大众近乎一致的嘲弄和奚落。他一直对此耿耿于怀。

然而,他始终没有放弃这个梦想:1926 年 3 月 16 日,这位身患结核病、生性腼腆的物理学教授在阿姨艾菲位于奥本(Auburn)的农场上发射了世界上第一枚液体燃料火箭。这枚火箭被命名为"内尔"(Nell),升至四十一英尺的高空,然后降落在一片白菜地里。周围邻居们对此抱怨不迭。

戈达德一生默默耕耘,几乎不为世人所知,但是,他却极受学术界同事的喜爱和敬仰,尽管当他们听到戈达德的疯狂想法后的确也选择了一笑而过。其实,不少权威人士都知道,戈达德的"疯狂"想法根本不疯狂。尤其是查尔斯·林白,他甚至把戈达德引荐给金融家丹尼尔·古根海姆(Daniel Guggenheim)。1930年,古根海姆同意为戈达德为期四年的研究项目提供十万美元的赞助。戈达德多年来一直为赞助金苦苦挣扎,此时他乐开了花,觉得自己几乎上了天堂。

对于戈达德来说,天堂就是新墨西哥州的罗斯威尔。在那里,他和技术团队几乎与世隔绝,在十几年间一直秘密进行试验,并且成功发射了固体燃料火箭、液体燃料火箭,甚至多级火箭,其中一些火箭实现了每小时五百五十英里的速度。〔西奥·卡米克(Theo Kamecke)1970年摄制的伟大的纪录片《月球漫步Ⅰ》(*Moonwalk One*)中便有关于该试验的惊人片段。〕对于戈达德颇具未来主义的成就,美国学术界和公众尚未做好准备。但是,德国人已经准备好了。

从二十世纪二十年代以来,火箭热潮一直牢牢地扎根在德国民众的想象中,并且推动了各种先锋派电影、小说以及艺术品的诞生。太空旅游的设想在当时相当普及,以至于月球火箭经常出现在狂欢节游行中,而火箭先驱马克西米兰·梵利尔(Maximilian Valier,)、弗利兹·冯·欧宝(Fritz von Opel)、鲁道夫·内波尔(Rudolf Nebel)等人都因为盛大的公开实验而名利双收。

在二十世纪二十年代,赫尔曼·奥伯特(Hermann Oberth)等物理学家创办了当时最为声名显赫的火箭俱乐部——火箭协会(简称VfR)。他们通过个人努力,不断鼓励和培养着这个国家火箭领域最有前途的年轻人才,比如维利·雷(Willy Ley)和沃纳·冯·布劳恩(Wernher von Braun)。

弗利兹·朗(Fritz Lang)在1928年的电影《月中女》(*Frau im Mond*)中精准地捕捉到了这种狂热浪潮。他的妻子提亚·冯·哈布(Thea von Harbou)是这部电影的编剧,她之后还编写了朗的经典杰作《大都会》(*Metropolis*)。朗先生非常明白,他的电影将要面对的观众见多识广,必须尽可能让电影情节符合科学原理。于是,他主动与火箭协会取得联系,后者为他提供了最具价值的科学顾问——奥匈帝国出生的物理学家赫尔曼·奥伯特。从此,一段不可思议的合作之旅就此拉开了序幕。

在十一岁时,奥伯特就对火箭产生了浓厚的兴趣。当时,他的母亲送给他一本儒勒·凡尔纳的《从地球到月球》,据说这本书他"至少读了五六遍,

罗伯特·戈达德对于天堂的设想：获得强大的资金支持，
然后在新墨西哥州进行火箭发射试验。

最后达到烂熟于心的程度"。等到奥伯特发现凡尔纳的计算数据并非仅仅是文学性杜撰后,他决心探索这个领域。

在海德堡大学,奥伯特听说了戈达德的著作《到达超高空的方法》。可惜他无法得到复印本,只得写信给作者。未曾想,戈达德不仅寄给他一本专著,还亲手给他写了一封信,详细解释了他对液体燃料火箭的实验过程。奥伯特惊叹于戈达德非凡的超前意识,遂成为戈达德在德国的拥护者。1923年,奥伯特写出了《飞往星际空间的火箭》(*Die Rakete zu den Planetenraeumen*),这本书确立了太空飞行的基本准则。奥伯特的著作不仅在技术上很精确,而且比戈达德的理论跨出了一大步。他的提议包括:建立太空站、大型轨道反射镜,探索月球背面,以及在轨道中使用可分离的燃料舱,为飞往附近星球的飞行器添加燃料!

不幸的是,大学以"不够现实"为由拒绝接受这本专著。奥伯特的著作从未产生戈达德那样的可信度。后来,德国太空飞行狂热分子马克思·梵利尔在1929年对这本遭到拒绝的专著进行改写,重新命名为《太空飞行》(*Spaceflight*)。在这本书的影响下,整个德国的火箭俱乐部如同雨后春笋般涌现。

奥伯特不仅在《月中女》这部电影中为弗利兹·朗提出了专业的建议,而且建议这位导演投资建造一枚火箭!这枚高达1.8米的液体燃料火箭原定在电影首映式上从电影院屋顶发射。奥伯特希望将它发射至波罗的海上空六十四公里的高度。可惜事与愿违,这项计划因为某项技术难题而夭折。最后,德国的乌发(Ufa)制片厂获得了这枚火箭的所有权。

在《月中女》的一众粉丝中,有一群来自火箭协会的年轻火箭爱好者,他们由维利·雷和年轻贵族沃纳·冯·布劳恩领导,后者在当时以擅长恶作剧而闻名。十二岁时,他曾试图用烟火驱动一辆玩具车,结果,玩具车爆炸了,把柏林警方吓得魂飞魄散。

若干年后,1942年10月,冯·布劳恩令人胆寒的战时杰作——V-2火箭——首次从波罗的海沿岸佩内明德发射升空,在火箭基座上还画着《月中女》的标志。

在我了解到他的战时杰作、纳粹党身份、武装党卫军头衔以及他可能知悉米特堡—朵拉集中营(Mittelbau – Dora,他的V-2火箭就在那里建造,

冯·布劳恩令人胆寒的 V-2 导弹是史上首个到达太空的人工制品。

同时,有两万人在那里死于疾病、毒打、绞刑及饥饿)这些事实之前,我一直都以为沃纳·冯·布劳恩是沃特·迪士尼的朋友。

曾经连续三个星期,每逢星期六,冯·布劳恩都会在多名卡通人物的陪伴下,向我以及我的同学们展示火箭在未来将如何搭载我们飞向太空。该节目成为二十世纪五十年代英国最受欢迎的电影节目;而美国的孩子们只能从电视上观看这个节目。戎马一生的冯·布劳恩现在终于有机会实现童年时期的梦想,在公众面前展现他对火箭的无比钟爱。

冯·布劳恩的 V-2 火箭是世界上首枚弹道导弹,也是抵达亚轨道空间飞行的首个人工飞行器。它是一件可怕的武器,曾在同盟国对德意志帝国发动进攻时,被部署在盟军面前。许多火箭都存在偏离目标或者破坏力小的问题,但它们都具有惊人的潜力:V-2 导弹的速度和攻击角度使得防空炮和战斗机形同虚设,因为它能够用四倍于音速的超高速度从太空(V-2 导弹可以发射至 109 千米的高空)冲向地面。

在战后的"别针行动"中,冯·布劳恩受雇于美国军方。他为自己战时的作为辩护,声称自己是个好人,只是生不逢时。他的确生不逢时:为建造 V-2 火箭而死的受奴役者数量,比火箭攻击导致的死伤人数还要多。冯·布劳恩到底该不该为建造 V-2 导弹时的恐怖行为负责?又或者,他只是不如我们期待中那么勇敢?冯·布劳恩声称,他对周围的恐怖行为睁一只眼闭一只眼的原因在于:如果他泄露了任何秘密,武装党卫军就会将他置之死地。的确,他曾经向往更为无害的职业。在与朋友的交谈中,他对他们不在宇宙飞船上工作的事实感到遗憾。这种近似天真的言论足以让他身陷囹圄——1944 年,武装党卫军在没有罪名指控的情况下将他投入监狱。

1945 年 4 月,随着同盟军部队逐渐深入德国境内,佩内明德小组被护送到位于阿尔卑斯山区的巴伐利亚小镇上阿莫高(Oberammergau)。保卫他们的武装党卫军被下达了命令:一旦发现敌军逼近,必须立即枪杀他们。这时候,冯·布劳恩的随机应变可能拯救了他们:他劝说作为卫队头领的一位少校把所有人分散到邻近村庄,因为他们在此很容易成为美军轰炸机的攻击目标。此举为拯救行动赢得了宝贵时间,当时美军第四十四步兵师已攻入城镇。沃纳的弟弟马格纳斯(Magnus)也是一名火箭物理学家,他骑着自行车前去安排哥哥投诚。他向一位美国士兵吼道:"我的名字叫马格纳斯里·冯·布劳恩,我哥哥发明了 V-2 火箭!"

布劳恩后来在美国生活了很长时间,最终成了与以往不同的人,或许可以说，是更好的人。在美国，他一直致力于推进火箭的和平用途，并加入迪士尼公司，激励了整整一代孩子追寻外太空的梦想。布劳恩在迪士尼的工作远不止在镜头前亮相那么简单。《太空人》（*Man in Space*）以及其他两部迪士尼出品的太空冒险电影，几乎全部出自他的创意；而它们又都来自于通俗杂志《科里尔》上登载的文章，这些文章成为空前成功的系列作品，令人瞠目结舌地将杂志发行量拉升到了四百万，并且——晚了三十年之后——在全美激起了一股火箭热潮。

五十年代中期，冯·布劳恩为迪士尼摄制电视节目时，他负责的美军"红石火箭"项目也已接近尾声，这种火箭后来被用于美国首次实况转播的核弹道导弹试验。但是，他仍然对太空旅行魂牵梦萦——直至 1957 年，他终于等到了绝佳的机会。

那一年的 10 月 4 日，苏联发射了地球上第一颗人造卫星——"人造地球卫星一号"（Sputnik One）。或许正如国会女议员克莱尔·布思·卢斯（Clare Boothe Luce）所言："十年来，美国一直宣称美国的生活方式是我们民族优越性的镀金保证书，而这颗卫星却以跨洲际的姿态、从外太空对这种宣称发出了一声'呸'。"

换句话说，美国人对苏联人的行为感到异常愤怒。尽管美国极具预见性地雇用了德国最优秀的火箭科学家，却仍然在征服太空的竞赛中落后于苏联。因此，美国必须采取行动——而沃纳·冯·布劳恩知道该怎么做。

NASA 成立于 1958 年 7 月 29 日。在 10 月 7 日，NASA 正式宣布了"水星计划"：让一个载人航天舱在绕地轨道上运行。这个计划公布后，美国立即着手在位于阿拉巴马州亨茨维尔市的红石军火库建造全新的"马歇尔航天飞行中心"。冯·布劳恩被任命为该中心的主任。

1961 年 1 月 31 日，一枚"红石火箭"搭载着装有大猩猩汉姆的太空舱进入了太空。5 月 5 日，另一枚"红石火箭"将另一个太空舱发射升空，而这一次，大猩猩汉姆的位置被一个真正的人类所代替；这个人名叫艾伦·谢泼德（Alan Shepard），是第一个升上太空的美国人。冯·布劳恩还将继续主导"土星五号"火箭的设计工作。这枚火箭威力强劲，安全可靠，足以安全地将人送上月球。

那一年是 1998 年。派、罗里·麦卡锡（Rory McCarthy）和我正在摩洛哥等待天气好转,以让我们开展驾驶气球环游世界计划的首批尝试。等待期间,我们无所事事,终日闲聊。

结果就是聚集了不少人——除了派·林斯川、威尔·怀特霍恩(Will Whitehorn)和我以外,一天晚上,巴斯·奥尔德林也前来拜访。这位前NASA宇航员曾多次执行重要任务,包括三次太空行走、驾驶"双子星12号"在绕地轨道上运行,以及驾驶"阿波罗11号"登月舱——那是人类首次登陆月球。巴斯懒得和蠢人周旋,这一点让他名声不佳——鉴于他的生活方式,他的确没有必要这么做——但是,毫无疑问,他对我们的气球旅行计划(以及其他人的计划:当年还有两支准备充分的队伍和我们竞争,试图成为史上首次完成环球旅行的团队)充满热情。在交谈当中,我们很明显地感受到巴斯比我们更加清楚此次旅行将会险象环生,因为我们需要在保持高海拔的前提下在气球上度过数周时间。在巴斯看来,驾驶气球是一种进入太空的好方法——可以说是非常好的方法。他向我们讲述了一些故事。

你应该知道健康食品商店使用的那些透明的塑料包装袋。当你试图打开塑料袋时,它们就会撕裂开来,里面的东西会撒得到处都是。原因在于它们是由玻璃纸制成的。这种材料相当脆弱,而且极其令人厌恶。你是否愿意驾驶用玻璃纸制成的气球飞入平流层呢?

奥古斯特·皮卡尔德(Auguste Piccard)教授就愿意。1931年5月27日,这位教授和他的同事保罗·吉普弗(Paul Kipfer)驾驶一只注入氢气的玻璃纸气球,从德国的奥格斯堡起飞。他们戴着自己设计的安全头盔——其实就是在倒过来的鸡形篮子里塞满垫子。

皮卡尔德并不傻。他深知,尽管玻璃纸脆弱易碎,却具备轻巧和不透气的优点。同样重要的一点在于,他知道低气压环境中的一项致命威胁。"我们必须制造出完全密闭的舱体,并携带常压下可呼吸的空气。"皮卡尔德设计的封闭舱系统是世界首创。通过德雷格轻型氧气呼吸器,空气中的二氧化碳得到有效过滤。这种呼吸器最初是啤酒酿造设备的一部分,后来一般应用于早期的潜水艇和矿难救援工作。

皮卡尔德和吉普弗飞到了48000英尺的高空,即超过九英里的高度,然后第一次进入平流层。皮卡尔德预测,在不久的未来,某一天,跟他设计的密封舱相类似的设备将会搭载人类奔向月球——在这一点上,他说对了。皮卡尔德在1962年去世。三年后,他的遗孀登上了一张照片,照片中的她不无自豪地站在"阿波罗号"指挥舱的模型旁边。

皮卡尔德和吉普弗的急救设备非常简陋。

然而,在"阿波罗号飞船"之前,在"水星计划"之前,甚至在 NASA 成立之前,人类就已经开始建造和测试太空舱,并且在太空的边缘创造多项海拔纪录了。与汤姆・沃尔夫(Tom Wolfe)在《太空先锋》(*The Right Stuff*)一书中描述的飞行员不同,这些先驱不仅是离开地球大气层几分钟而已。他们曾在空中飘浮几个小时,甚至持续数天。美国的高海拔气球项目收集高海拔条件下的各种信息,后来直接为"水星计划"工作团队所用,为载人航天项目做准备。他们还积累了许多关于如何设计太空舱的实际经验。

　　一群伟大的头脑罕见地聚集在了一起,最早并且最重要的项目就是由他们完成的。四个人——奥托・温泽(Otto Winzen)、保罗・斯坦普(Paul Stapp)、大卫・西蒙(David Simons)和乔・基廷格(Joe Kittinger)——仅凭无限的热情和伟大的牺牲精神,将"Manhigh 1 号"和"Manhigh 2 号"组合了起来。

　　化学家奥托・温泽在 1937 年从德国移民到美国。战时,他在多家俘虏收留所辗转,战后才得以重返他的塑料世界。他尤其偏爱一种名为"聚乙烯树脂"的新合成物,而潜水艇常用这种材料作为电线的绝缘材料。

　　温泽生产出来的聚乙烯薄膜比人类的头发丝还细。随后,他创立了自己的公司——温泽研究公司——试图寻找聚乙烯薄膜的实际用途。他制造了气象气球以及监控气球,为美国海军以及后来的 NASA 进行项目设计。他的妻子维拉(Vera)(他们经由皮卡尔德介绍认识)成为当时最优秀的气球设计者以及该领域的世界纪录保持者:1979 年,她驾驶一只名为"达・芬奇跨越美洲号"的艺术气球,在空中持续飞行了 2003 英里,创造了一项新的横越陆地距离纪录。

　　约翰・保罗・斯坦普是浸信会传教士之子,出生于 1910 年,在巴西的丛林中长大。他随后的人生显示,贫穷并没有对他造成任何困扰。他前往得克萨斯州维科(Waco)的贝勒大学研究动物学和化学。每当生活拮据,他都会吃学校储存的实验室动物,比如豚鼠和鸽子。斯坦伯想要成为一名军医,但他的关节老是扭伤,因此被陆军航空队给"抛弃了"(用他自己的话来说)。在那里,斯坦普开始从事"非法研究":也就是"私下投资的非官方或者低官僚水平的项目"。如果能够在"那些坐在桃心木桌子后的人"眼皮子底下蒙混过关,你就能够随心所欲地做大量研究。如果取得了研究成果,你可以把它递交给上级,让上级享受原本属于你的荣誉,然后上级会对你酝酿的下一步疯狂计划睁一只眼闭一只眼。如果研究失败,他们就会毫不犹豫地把你送上军事法庭。

斯坦普的主要兴趣在于高海拔药物的研发。那些最优秀的试飞员驾驶着军火库中最为昂贵的军事武器，也将自己暴露在了未知的危险中。从爱德华空军基地起飞的超音速 X 系列战斗机最多只能让驾驶员在某一海拔停留几分钟，而且需要付出巨大的代价，因此，参与项目的医生没有时间、空间、金钱来进行医学研究。斯坦普意识到，他必须创立自己的项目，建立一个能在极高处长时间停留且所需代价极小的平台。

斯坦普随后被调往新墨西哥州的霍洛曼空军基地，并且成为该基地航空医学地面试验室的负责人。在那里，他认识了大卫·西蒙少校。

二十世纪五十年代早期，西蒙在白沙导弹试验场工作，用德国的 V-2 导弹将果蝇、老鼠、狗和猴子送入平流层。（当时流行使用达克斯猎狗，因为这种狗非常适合置入火箭中。）到了霍洛曼空军基地，西蒙无法再玩火箭了，于是转而帮助奥托·温泽进行革命性的聚乙烯气球研究。他将动物送往平流层，以此测量宇宙射线对其造成的伤害程度。这些射线实际上是高速穿行的放射性分子，在 1912 年就被发现了，但没有人知道它们到底有多危险。西蒙的动物试验显示，这些射线并未对动物造成不好的影响。就这样，载人空间探索的又一个阻碍被清理掉了。

乔·基廷格也在霍洛曼空军基地工作，他是那里的王牌试飞员，顺理成章地进入了西蒙列出的首位人类志愿者候选名单。当时，他们正在积极准备用温泽气球下方悬挂的密封舱搭载人类进入低于太空的大气空间中。

唯一的问题在于，乔热爱空中跳伞运动。他对这项运动有着永不厌倦的热情。加州的埃尔森特罗是一处理想的军事伞降地域，也是国家降落伞测试中心的所在地，乔曾经在此接受过高海拔跳伞训练，从此沉迷于挑战更高海拔的跳伞，难以自拔。如果把乔放在密封舱内，然后将他送到别人从未到达的高度，他到底能否抵制住跳出舱外的诱惑？

西蒙和斯坦普都无法确定基廷格能不能经受住这次考验。西蒙事后坦言："我们无比确信的一点就是，他若这么干，Manhigh 计划将会无法完成。"

奥托·温泽为这个计划设计的吊舱"Manhigh 1 号"大约有一个电话亭那么大，高度为八英尺，直径为三英尺。乔将会呼吸到混有百分之二十氦气的空气，所以，他从太空发回的第一声肯定会很像唐老鸭。

1957 年 6 月 2 日，"Manhigh 1 号"飞船起飞。这个计划最大的安全隐患就是气囊。在零下一百度的条件下，即使聚乙烯制成的气囊也会变得非常脆弱易碎。空气逐渐冷却之后，就会产生急流。设计者担心，乔乘坐的气球将会跟高海拔的强风互相碰撞，然后粉身碎骨。

结果，气囊的表现十分出众。而真正的安全隐患其实在于密封舱。有人将氧气系统中一个关键零件的位置装反了。在乔不断上升的过程中，有越来越多的氧气被释放出来，进入了太空。

到达96000英尺后——距离地面超过十八英里——乔猛然发现，氧气罐中的剩余氧气量只有五分之一公升了。他怀疑这些氧气撑不到他返回地面。正当他准备迅速降落时，他忙里偷闲地望了一眼舱口。他简直无法用语言来形容那种摄人心魄的壮丽美景：从舱口望去，天空一片深蓝，他甚至能够看到大气层在地平线上形成的蓝色条带……

这时候，广播里传来信息，命令他控制气球迅速下降。

事后，乔说他想让回复信息变得有趣一些；地勤人员过于紧张焦虑，他们原本应该能理解这句玩笑话的。他的信息是："过来接我。"

潜水者享受深潜带来的狂喜。同样，如果你能接触到Manhigh计划和接下来其他计划的相关内容——或者，更简单的办法，就是买一本克雷格·瑞安（Craig Ryan）关于飞行历史的经典著作《宇航员的前身》（*The Pre - Astronauts*）——你就会意识到，高空飞行也会让人产生狂喜。即使拥有充足的氧气供应，即使身处密封舱内，高海拔也总会让人产生微醺的感觉。这并非医学现象，而是精神现象。道理其实很简单，因为高空实在太壮美。

大卫·西蒙驾驶"Manhigh 2号"升至二十英里的高空，并在这个高度停留了超过一天的时间。在这个高度，即便是尘土都会产生美感。"置身于雾霭迷蒙的地球大气层之上，只看到朦胧狭长的蓝带，鲜明地映衬在深蓝静穆的苍穹上。它们仿佛一连串的天使光环，盘旋于地球四周。"

西蒙还看到了其他景象：地球的弧线。甚至到了这个高度，这种视觉效果也是很微妙的。不过，这种景象确实存在。

X系列战斗机飞行员曾描述说高层大气上有一丝奇异的着色。美国空军于是给了西蒙一张颜色对照表，让他找出当时天空的颜色。但是，天空的那种颜色并不在色表上。"当大气与全然漆黑的太空相接时，天空饱含着那种浓浓的蓝紫色，浓重到它根本逃不开。"西蒙事后写道，"但是，这种色彩的亮度极低，令人百思不得其解。就像华美颤动的音符，但是音调过高，超出了耳朵的听觉范围；音符留下了些许光辉，但你无法确定自己是否真切地听到了音符，抑或它的华美完全只是你梦中的想象而已。"

过来接我：气球驾驶员乔·基廷格为之后的宇航员开辟了道路。

巴斯作为"阿波罗号"飞船宇航员的荣耀从未遭受人们的质疑。他足够年长,明白太空事业背后的影响因素和推动力;他也足够睿智,可以全然接受事情可能会朝着相反方向发展的现实。在摩洛哥,他告诉我们:驾驶飞机或气球,将航天器从大气层最厚的部分拉升上去——随后点燃火箭发动机——是一种将人类送入太空的好办法。当我天真地向他询问 NASA 的阿波罗计划从地面发射太空火箭的原因时,巴斯的回答非常简单:NASA 的登月计划只是一场东拼西凑。

当时正值冷战中期,美国肩负着作为全球性超级大国的各种期望。NASA 沿袭了战争思维,试图采取最快速、最简单的方法解决所有遇到的问题。为了实现既定目标,这的确是一种有效的方法——非常有效的方法,以至于美国在登月技术成熟的数十年前就仓促地将人送上了月球。更令人印象深刻的是,NASA 居然成功地让所有的月球漫步者安全返回了地球。然而,NASA 令人胆战心惊的阿波罗计划绝非太空事业未来发展的正轨。这种做法过于昂贵。另外,美国在越战中泥足深陷(其花费几乎是阿波罗计划耗资的一半),"阿波罗计划"实际上将美国拖入了破产的深渊,引发了全球性的衰退!

太空事业的未来发展——目前,我们和竞争对手在新墨西哥州沙漠中创建的可持续的、经济上将会非常稳定的未来发展计划——根植于更加遥远的过去。

二十世纪二十年代,两种伟大的飞行技术正在争夺天空的控制权:一种是双翼飞机,另一种是飞艇。

美国海军试图将两者结合。"天钩计划"展开了广泛试验,研究如何制造空中的航空母舰。在飞行中,飞艇具有飞行距离远和可信度高的优点,适合运载致命性的、活动灵巧的短程战斗机前往战场,然后再采取某种方式(没有人能够确定到底是何种方式)在半空中重新回收战斗机,为其进行加油和维修。该计划之后被暂且搁置,原因是航空母舰的设计制造尚未成熟。不过,该计划的中心思想一直保留了下来。

众所周知——远在第一枪打响之前——任何未来的战争胜利都取决于对敌军进行的空中轰炸。二战期间,轰炸机部队的行动要依赖战斗机的掩护。问题在于,战斗机无法携带过多燃料。就算它们能够跟随轰炸机到达目标空域(它们很少做得到),这时也只剩少数的储备燃料用以战斗了,它们必须在几分钟后返航。

解决问题的关键在于重新开启"天钩计划"。别管什么飞艇了——为什么轰炸机不能在战斗中自己搭载战斗机呢?大卫·森迪(David Szondy)在网上整理了一个不可能技术的历史,这是一个很有意思的系列,其中写道:"这样,轰炸机部队能够自行搭载战斗机进行掩护,就像一个小孩能够带着一整罐黄蜂一样。"

麦克唐纳公司的 XF-85 小鬼式战斗机是一种特别制造的小型战斗机,专门为 B-36 轰炸机进行内部搭载而设计。轰炸机将 XF-85 从钩子上抛落下去,然后重新收回。小鬼式战斗机速度较慢,动力不足,而且飞行距离不远。飞行员讨厌这个型号的战斗机还有另一个原因:设计部门的一些跳梁小丑居然决定除去起落架,从而减轻飞机载重!

计划再一次搁浅。但是,空中起飞的理念依旧延续了下来。随着美国战后开始研究超音速和高海拔飞机,为了完成一些有趣的工作而建造能够缓慢上升至 40000 英尺的实验性飞行器,成了一件令人厌恶的工作。工程师们知道如何实现这一步骤;他们真正想要知道的是接下来会发生什么。说不定他们能够搭载实验性飞行器升到高处,然后在空中进行发射呢?

1945 年,美国陆军航空队(1947 年成为美国空军)以及美国国家航空咨询委员会(NACA)展开了一系列实验性飞行计划中的首个计划。NACA 的 X 系列战斗机只是单纯的研究用飞行器,其中一些没有机翼,一些从未起飞过,还有一些本身就是失败品。这曾经是、现在也是关键所在:我们应该区别科学前沿和死胡同。

第一架 X 系列战斗机——贝尔飞机公司的 X-1 战斗机——1946 年运抵穆罗科陆军机场。这架飞机看上去有些滑稽——像是长着粗短翅膀的特大号子弹。(当时,从规格上说,50 口径的子弹是人们所知的唯一在超音速飞行中不会翻滚的子弹。)这种战斗机由火箭发动机驱动(罗伯特·戈达德设计了燃料泵),从 B-29 轰炸机中落下,它理应成为首个冲破音障的载人航天器。

问题在于:谁来驾驶这架战斗机?贝尔飞机公司的试飞员"丝绸"古德林("Silk" Goodlin)要价十五万美元。NACA 犹豫了,后来他们找到了一位名叫查克·耶格尔的二十四岁空军试飞员。

耶格尔乐于接受这次疯狂的任务,并且只要了普通的军官工资。他似

XF-85 小鬼式战斗机无法降落。这可不是人心所向的设计！

恰克·耶格尔和他的 X-1 火箭推进式飞机。
飞机上写的"格莱尼斯"（Glennis）是他妻子的名字。

乎将该任务视为日常工作的一部分。（在详细记录 NASA 诞生始末的书籍《太空先锋》中，汤姆·沃尔夫对穆罗科的天价试飞员大肆取笑了一番。在他看来，这些所谓的王牌飞行员自视甚高，异想天开地认为自己能够驾驭所有想象得到的交通工具。）

　　就在飞行的前两天晚上，耶格尔痛快地豪饮了一顿，结果在骑马时倒霉地撞上了一扇已经关闭的门。马的下场要比耶格尔更好。由于害怕被 NACA 除名，耶格尔在另一个镇上的兽医诊所对断掉的肋骨进行了简单处理，自己忍受着疼痛，没有向老板透露一个字。耶格尔偷偷把一根锯下来的扫帚柄带上了飞机，这样他就可以利用杠杆作用，靠完好无损的那只手撬动 X-1 的顶盖。

　　1947 年 10 月 14 日，耶格尔爬上了 X-1。搭载着他的 B-52 轰炸机将 X-1 放入了空中，然后，他开启了发动机——在 45000 英尺的高度，他冲破了音障。

　　1968 年 10 月，北美 X-15 试验机开始了最后一次飞行——尽管这并非 X 系列战斗机的最后一次飞行（这些项目延续至今）——但人们普遍认为，这标志着穆罗科高速及高海拔飞行研究黄金年代的终结。当时，穆罗科机场已经被改造为不断伸展开来的爱德华空军基地，而"潘乔"·巴恩斯的快乐骑马俱乐部，那个恰克·耶格尔与未来宇航员们比肩接踵的地方，如今已是人去楼空。

　　在所有 X 系列项目的飞机中，X-15 被认为是最成功的作品。部分原因在于，X-15 最终被后来的所有高性能飞机、宇宙飞船和导弹争相模仿。航天飞机上主发动机的设计以及许多材料的选择均来自于 X-15。不过，X-15 最为人称道的优点在于：它飞起来就像是发疯的蝙蝠。X-15 高速及高海拔的特点让它成为适合于所有计划的完美测试平台。它甚至为阿波罗计划搭载过微陨石收集舱和隔热板样本。当然，最精彩的是，它能够搭载人类进入太空。

　　1960 年，物理学家以及二战王牌飞行员乔·沃克（Joe Walker）第一次驾驶了 X-15 战斗机。和大多数 X 系列战斗机一样，X-15 战斗机的设计理念是利用 B-52 轰炸机运载，直至抵达工作高度。在感觉到身体下降后，沃克开启了 X-15 的火箭发动机。尽管沃克飞行经验丰富，他仍然吃了一惊。X-15 战斗机的火箭发动机利用氨和液态氧气作为推进剂，利用过氧化氢来驱动为发动机添加燃料的泵。这个火箭可以像飞机发动机一样控制燃料，

X-15 launch from B-52 mothership

在一架 B-52 轰炸机上发射了美国首架载人航天飞船：
惊人的 X-15 战斗机。

乔·沃克驾驶着他的 X-15 战斗机进入了太空——两次！
之后，他还帮助了 NASA 设计制造登月飞行器。

而且还是同类飞机中第一个能让飞行员对此加以控制的机型。简直令人难以置信。"噢,我的上帝!"沃克尖叫起来。他被拉得紧贴在座位靠背上,由于加速度而动弹不得。

"什么事?"飞行控制台询问,"你呼叫控制台了吗?"

X-1 是一架火箭推进式飞机,而 X-15 是一架航天飞机。它专为高海拔以及极端稀薄空气条件下的飞行而设计。当耗尽空气导致翼面失灵时,还可以用置于飞机头部的小型火箭发动机来驾驶飞机。(汤姆·沃尔夫在《太空先锋》一书中反复提及的一件事,就是 X-战机飞行员是驾驶着火箭驶入太空的,而"水星计划"的宇航员——尽管他们发出过强烈抗议——只能被运入太空。)

在苏联人造地球卫星的发射彻底改变美国的战争策略,并促使美国启动"水星计划"之前,美国空军和 NACA 已经秘密计划通过在"纳瓦乔"导弹顶部运载 X-15 战斗机,将它送入绕地轨道! 尽管 X-15 战斗机从未到达绕地轨道,但它的确被送入了太空。

对于地球大气层和宇宙空间之间的那条界限,其实并没有什么神秘之处。在 X-15 战斗机尚处于测试阶段时,美国空军就曾凭借自己的测量手段认定,地球表面以上 50 英里处就是宇宙空间的起始位置。共有八位飞行员驾驶 X-15 战斗机飞越了这条假想的界限,从而赢得了美国空军"宇航员之翼"的称号。自从五十年代中期以来,世界飞行运动的主管团体——国际航空联合会——已经重新将西奥多·冯·卡门(Theodore Von Kármán)提出的 100 公里(62.1 英里)作为界限标志。在所有的 X-15 任务中,1963 年的两项任务突破了这个界限标志。乔·沃克就是完成这两项任务的飞行员,这让他成为世界上两次拜访太空的第一人。

第三部分

"无限与超越！"

"翼龙高飞者"（Pterodactyl Ascender）：毫无疑问，
它是我人生中最可怕的噩梦——现在却成了经典设计！

第九章
"快速玻璃"

小时候,我常常梦想着自己能在空中飞翔。只要努力扇动双臂,就能越飞越高。我想象着自己驾驶上升的热气球冲入云霄,想象着自己在林间翱翔。我人生中的第一次飞行是驾驶一架在罗加洛回收翼基础上改造而成的早期机动滑翔飞翼——罗加洛回收翼是一种易于操纵的三角形降落伞,设计初衷是为了让 NASA 的"水星计划"回收舱在返回地球时使用,最终却催生了悬挂式滑翔运动。

我当时二十出头。接到电话时,我从未登上过任何一架飞机。一个名叫理查德·埃利斯的伙计告诉我,他曾驾驶过一架"翼龙高飞者"。"翼龙"诞生于二十世纪七十年代中期,是由加州飞行爱好者杰克·麦克康纳(Jack McCornack)发明的。"翼龙"可以说是原始的悬挂式滑翔机与剪草机杂交后的产物。它拥有轮式起落架——尽管这些轮子看起来像是从儿童三轮车上拆下来的。它还有靠背可调的座椅,以及一台可用牙齿操纵的小型发动机。(你需要用双手来操纵滑翔机方向,因此节流阀就是咬在嘴里的一颗橡皮球。)埃利斯想要将麦克康纳的发明带去欧洲,他还希望我成为他的首位支持者,并承诺要教我如何飞行。

翼龙滑翔机经历过许多次长途飞行。在 1979 年夏天,在我亲身经历翼龙滑翔机数年后,一个名叫小杰克·彼得森(Jack Peterson,Jr)的人驾驶翼龙滑翔机从加州长滩出发,飞往南卡罗来纳的希尔顿—海德,全程 3200 英里,其中的 120 英里处于颠簸状态。他驾驶的这架翼龙滑翔机如今在史密森尼博物馆展出。

埃利斯自己的翼龙滑翔机是用一个工具箱组装出来的。它看上去似乎足有上百年的历史，就像是那些勇敢无畏的一战飞行员——例如塞西尔·刘易斯或者曼弗雷德·冯·里希特霍芬——在童年时期疯狂向往过的那种原始飞机。它看起来仿佛是从更加浪漫多情也更加虚张声势的过去穿越而来。第一眼看到它，我就知道必须驾驶着它飞一次。

某个周五的下午，我和一些朋友开车前往牛津，一路梦想着成为一名伟大的飞行先驱。我想象着如果道格拉斯·巴德的英灵正在旁边注视我，那么，他看到我飞跃树篱时一定会竖起大拇指的。我们约了埃利斯在当地的机场碰面——那个机场上，只有一个被太阳暴晒后泛白的风向标，以及饱经风吹日晒的长条水泥地——他友善而坚定地把我们带回了现实。他告诉我，我们需要在地面上待两三天，目的是让我适应这架滑翔机。

琼和其他几位朋友在旁边观看，埃利斯带我入座，还把那个特殊的节流阀装置递给了我——就是那个连接在管子上的橡胶球。他对我说："咬住它，节流阀就会启动；吐出来，发动机就会停止。你是初学，所以我们先沿着跑道滑行吧。首先启动发动机，咬下节流阀；等你到达跑道尽头时，再把橡皮球吐出来。"

发动机的启动比我预想的快得多。就在我头部之后几英寸处，螺旋桨旋转起来，之后开始加速。我感觉像是回到了第一次驾驶摩托车的时候。我在风中咧嘴大笑，尽情享受着每小时三十英里的极限速度。靠近机场尽头的篱笆时，我吐出了节流阀。

篱笆猛地向我扑了过来。我感觉马上就要和它迎面相撞了。出于条件反射，我只得紧紧握住方向盘——然后，翼龙滑翔机冲上了天空。发动机看起来并未停止运转，反而工作得愈发卖力了！

我睁开眼睛，发现自己在树木之上。我正在飞行。尽管我不知道该如何飞行，如何降落，如何减速。

眼看就要撞上一棵树了，我紧张得魂不附体，紧握住了扭转把手。然后，滑翔机掠过了顶层的树枝。感谢上帝，我还停留在空中。但是我很清楚，这种侥幸必定不会长久。我必须降落。

我突然想到，可以把电线拔出来。如果能让发动机失灵，就会造成两种结果：要么滑翔机以安全的速度将我带回地面，或者——好吧，滑翔机坠毁！但是，损坏发动机，总比在半空中完全失控地到处乱窜更加安全。当然，把发动机中的电线拔出来也意味着失去控制。似乎又过了很长的时间之后，我才鼓起勇气行动。当我看到远处一棵橡树正步步逼近的时候，我终于下定了决心。我像喝醉酒似的，手忙脚乱地试图躲避——因为我根本不知道该怎么做——同时咬紧牙关，空出一只手，拔出了一根电线。然后是又一根，再一根。

似乎过了一个世纪那么久，发动机终于停止了工作。我拽了一下扭转把手，滑翔机惊险地翻转了几下，然后降落了——降落得很糟糕，但还不算太离谱——地点是不远处的田地里。

我的朋友在数秒钟内就抵达了现场。我看见他们骑着摩托车，在乡间道路上热切地追赶我。我花了几分钟调整呼吸，随后意识到自己根本没飞多远。朋友们欢呼雀跃时，我的女友琼（后来成了我的妻子）拍了拍我的后背，对我说："理查德，你干得太棒了，简直不可思议！"关于埃利斯给我的指示，他们一无所知。

带着几处擦伤以及强烈动摇的自信心，我告别了人生的第一次飞行课。我想，也许自己并不适合飞行。我和理查德·埃利斯握了手，预祝他在给其他学生授课时顺顺利利，然后便驾车离开了。

我再也没有见过他。几天之后，噩耗传来：埃利斯去世了，他出事时驾驶的就是那架滑翔机。因此，在牛津度过的那个下午，并不仅是我人生中的第一次飞行经历，更是我第一次深刻地感受到成为飞行先驱需要付出的昂贵代价。现在，仍然记得理查德·埃利斯的人寥寥无几。他想要教会英国人如何飞行，偏偏壮志未酬身先死。在受人敬仰的飞行英雄中，还有许多像埃利斯这样的人——他们籍籍无名的原因在于，他们缺少其他伟大飞行家具备的一种素质：数不尽的运气。

像鸟一样飞行的感觉到底如何？我接触过的最类似的一次体验就是：被一根绳索吊挂在直升机下，而这架直升机正朝着悉尼的达令港俯冲下去。当时，我们正在澳大利亚为维珍移动公司的开业做宣传，而宣传部门一些爱开玩笑的人认为，把我吊挂在直升机下面俯瞰全市将是个绝妙的主意。问题在于，当受到前进的推动力时，你不可能在空中保持相对静止的悬挂状态——你会上下翻滚。在经历过一番让人心跳都快停止的惊险时刻后，我总算让自己镇定了下来。最终，我采取了跳伞运动员在空中保持平衡的姿势——突然之间，我居然感觉自己在飞行。我感觉到了空气吹打在脸上的刺痛感。我感觉到风和我的飞行衣融为了一体。

1938 年，十九岁的里奥·瓦伦汀首次在北非尝试跳伞。这并不是一次很优雅的表演，他的演出服也毫无亮点。这位法国空军战士抱怨："我们所有人，我也不例外，都像一袋袋面粉似地往下跳。当一个人跳下飞机时，他无论如何都会下落的；他会在空中四下翻腾，像一麻袋土豆似地快速旋转。"这种跳伞方式不仅丑陋，而且经常是致命的。瓦伦汀试图寻找更好的跳伞方式。他对更早一代的奥特·斯塔恩斯提出的开创性的跳伞理论一无所知，倒是对体操、舞蹈以及——非常自然地——潜水运动有所研究。最终，他从鸟类飞行中汲取了灵感。他尽可能地模仿鸟类在微风中保持平衡时的姿态：双翅舒展开来，胸部前倾。他还发现，如果小心翼翼地移动手脚，就能控制自己在空中的行进。这一切，就像游泳一样！

在完善了现代跳伞技巧之后，瓦伦汀仍然感到不满足。他继续提出疑问：如何才能采取正确的姿态？人类能否像鸟类一样飞行？他写道："我们中的一些人想让天空对人类开放。当机械方面的突破到达极限时，人类感受到了回归简单的需求。有一段时间，人们曾想抛弃汽车，转而步行。同理，总有一天，人们也会想要抛弃超音速飞机，转而用自己的翅膀飞翔的。"

用自己的翅膀飞翔是人类最原始的梦想。为了实现这个梦想，瓦伦汀选择回归了一些早期的飞行著作。他研究了奥托·李林塔尔的著作。很明显，他了解李林塔尔的设计问题所在。在设计过程中，某些地方已经注定会失败。毕竟，你站得越高，你能用于实验和纠错的时间就越长。如果说早期的飞行教会了飞行者一条真理，那么这条真理一定就是：高度就是你的朋友。然而，李林塔尔别无选择，只能从山顶起飞。他自己建造的圆锥形小山——也就是他最后一次致命滑翔起飞的地方——仅七十英尺高。也许，李林塔尔采取的滑翔方式确实有效，前提条件是你必须从高空起飞。

瓦伦汀制造了一对帆布翅膀，把它们装在自己的肩膀上，然后从飞机上纵身跳下，想要看看接下来会发生什么。结果并不令人满意——他在空中上下翻滚，不断旋转——但他最终成功地开启了降落伞，很好地控制住了下降的趋势，并且安全着陆。经过几天的练习之后，他已经学会了滑翔和翻身。1950 年 4 月，他终于在三万围观群众的注视之下进行了首次公开展示。自此以后，报刊纷纷称之为"鸟人"。

1951 年，瓦伦汀已经放弃了帆布翅膀，转而用轻木制作翅膀。他的进步不仅令人震惊，甚至有些不真实。单枪匹马的瓦伦汀似乎将飞行的历史彻底颠覆了。自从飞行纪录问世以来，人们把木质翅膀视为铤而走险者的丧钟。可是，瓦伦汀在 1954 年从 9000 英尺的高处一跃而下，肩膀上装着的就是这种木头翅膀——而且他居然飞了起来。尽管他在降落过程中滞空时间很短，但众多的独立观察者都亲眼目睹了这个真实的场景。

1956 年 5 月，在十万观众面前，瓦伦汀从 8500 英尺的高度跃下。结果，飞机螺旋桨所形成的滑流卷走了一侧翅膀，将它拍在了机身上。瓦伦汀开始在空中翻滚。他随后打开了主降落伞，但降落伞与滑翔翼的剩余部分缠绕在了一起。他只好打开备用降落伞，降落伞却又缠绕在了他身上，把他包得像个木乃伊。最后，瓦伦汀坠地而亡。

瓦伦汀并不是二十世纪唯一的鸟人，但在七十五名尝试这种飞行方式的人当中，仅有四人幸免于难。

然而，像鸟类一样飞行的梦想很多人都有。这是一个非常普遍的梦想。在清醒时，我们都能意识到这个梦想的荒谬性和不可实现性；但是我们无法忽视它，当然也不应该看轻它。总有一天，我们的梦想会实现的，会以一种最为纯净、最为直接的方式实现。

1988 年 4 月 23 日，麻省理工学院设计出的由自行车链条驱动的人力飞机"代达罗斯号"被放入圣托里尼岛附近的海域，经历三小时五十四分钟，完成了第一次飞行。"代达罗斯号"至今保持着人力飞机的飞行距离和飞行持续时间纪录。

更令人兴奋的是，2006 年，法国人伊夫斯·卢梭（Yves Rousseau）扑着飞翼（他前后经历了 211 次失败尝试！）飞进了世界纪录名册，成为单纯使用肌力起飞的第一人。英国皇家航空协会迅速作出回应，宣布了四个新的奖项，其中一项就是为超越马拉松距离的人力扑翼飞行而设立的。我的预感告诉我，如果我在 2016 年里约热内卢举办的奥运会上没有看到鸟人们争金夺银的身影，那么他们一定会站上 2020 年奥运会的领奖台——或者干脆在领奖台上空盘旋。

但凡阅读过飞行通史的人，都会认定在 1950 年之后，自喷气机时代破晓以来，飞行的乐趣已统统从空中消失了。那时似乎不再有令人惊愕的铤而走险者，不再有对抗自然因素的孤身战役，也不再有英雄的存在了。

不可能完成的任务：跳伞者里奥·瓦伦汀学会了如何像鸟类一样飞行。

破纪录飞行之前的人力飞机"代达罗斯号"。

当然，事实并非如此。1979 年，汤姆·沃尔夫在《太空先锋》中澄清事实，告诉人们，在二十世纪五六十年代的爱德华空军基地，那种铤而走险的飞行冒险精神鲜活依旧。然而，X 系列战斗机以及"水星计划"耗资巨大，又极度排外，所有的实验和试飞都被设为高度机密。早期巡回表演的露天广场精神哪里去了？

撇开瓦伦汀和鸟人不说，飞行在二十世纪已经不再引人注目，而是成了某种运动项目。换言之，飞行不过是人们从事的某种工作而已。一个小时的飞行课程大约收费一百英镑。如果你能够承担加入高尔夫俱乐部的会费，你就有能力付费学习如何飞行，并买下一架轻型飞机的部分股权。现在来说，这并不便宜。如果预算有限，你还有多种选择。如今，悬挂式滑翔机和滑翔伞技术已相当成熟，保证了相关的飞行体验绝对物超所值。如果你觉得自己是个勇敢的人，你可以穿上滑翔衣，学习自由落体式跳伞。就像瓦伦汀曾经做过那样，从山间呼啸穿行，从悬崖边惊险掠过，或者从高楼旁边错身擦过（当然，你这么做，会被警方逮捕的）。

在这一章，我会告诉你和平年代的巡回演讲精神究竟到哪里去了。对于这种精神的衰亡的种种揣测被过分地夸大了。事实上，它比以往任何时候都更加振奋人心，激发着更多新技术和新飞行理念的诞生。

二战后，进行巡回演出的飞行者几乎绝迹。这种改变并不是因为飞行本身变得落伍，而是因为有太多的人都接触到了飞行运动。如果你可以离开座椅，自己尝试一些飞行特技，那还有什么必要为其他人的特技噱头而惊诧呢？到战争结束时，飞行甚至不需要驾驶飞机了——或者说不需要一架完整的飞机了。通用尺寸的双翼飞机时代很快过去，不计其数的轻型飞机、超轻型飞机、滑翔翼、风筝以及降落伞纷纷搭上了轻型材料发展日新月异的顺风车。

其中一些设计，例如罗加洛回收翼，完全是创新之举。而其他设计，例如旋翼飞机，历史更加悠久。这要追溯到 1919 年，西班牙工程师兼航空狂热分子胡安·德·拉·西埃瓦（Juan de la Cierva）发明了一种超乎寻常又安全有效的飞行装置：一个依靠惯性滑行的转轮。这种转轮可以让飞机在空中飞行；同时，在飞机失去动力的情况下可以保证飞机处于可控范围内，并以缓慢的速度下降。

然而，这种转轮的安全性能从未得到人们的关注。相反，胡安的设计理念在很久之后为一系列被称作旋翼飞机的小尺寸轻型单人飞行器提供了灵

NASA Dryden Flight Research Center Photo Collection
http://www.dfrc.nasa.gov/gallery/photo/index.html
Air Force photo   October 1968

Paresev 1-B in flight with tow cable

悬挂式滑翔机诞生了！NASA 的研究用滑翔伞飞行器。

胡安·德·拉·西埃瓦设计的 C-30 旋翼飞机引起了广泛关注。
可惜的是，没有一架尚可飞行的模型保留至今。

感。二十世纪六十年代,沃利斯旋翼飞机在英国诞生。自从在詹姆斯·邦德系列电影《雷霆谷》中亮相之后,这种旋翼飞机风靡一时。可惜的是,其设计者肯·沃利斯(Ken Wallis)一向轻视业余飞行者,因而从未公布自己的设计。他认为自己的设计只能严格适用于"勘测、研发、监控和军事目的"。

好了,别管沃利斯了。现在,旋翼飞机在业余飞行者中相当盛行。如果你只有一百英镑的预算,而这又将是你人生中唯一可能参加的飞行课程,那就让自己体验一把成为肖恩·康纳利的感觉吧,而且是正驾驶着旋翼飞机的肖恩·康纳利。

但是,普通飞机不仅在变得更大、更昂贵,也在变得更小、更便宜。法国家具制造商亨利·米格尼特(Henri Mignet)引领了现代自制飞机的时代。当报名军事飞行员被拒后,米格尼特决定自己建造飞机。在1931年到1933年间,米格尼特在巴黎制造了样机,并且在城市东北角的一大片空地上进行了试飞。

他的研究中,最引以为傲的成果当属"飞行跳蚤"。这架轻型飞机1933年进行了首航。米格尼特宣称,只要你会制作货运包裹以及驾驶汽车,你就能够过一把"飞行跳蚤"的瘾。他更是在一本书中透露了设计细节。这架飞机耗资仅为一百英镑,这让许多业余飞行者看到了未来的曙光。在法国,至少有五百架自制飞机随后问世。不幸的是,许多自制飞机都因为机翼的间距问题而最终坠毁。

当时的权威机构纷纷表示出了支持的态度。英国的皇家飞机研究院以及法国的航空部都展开了全尺寸的风洞测试,试图解决机翼的间距问题。之后问世的"飞行跳蚤"安全性能得到了大幅提高。尽管这种飞机从未摆脱危险系数大的恶名,但时至今日,法国仍有许多飞行狂热者在每年六月驾驶"飞行跳蚤"进行集会,以此来证明其安全性。

多年来,自制飞机的热潮来了又去,不同国家似乎孕育出了不同种类的低科技飞行。定点跳伞——这种运动要求跳伞者从高处跳下,然后滑翔至地面的监控点——基本上是美国人的发明,但后来被英国人疯狂效仿。1990年,罗塞尔·鲍威尔(Russell Powell)从伦敦圣保罗大教堂内部的回音廊一跃而下——造就了室内定点跳伞最低高度世界纪录。

在二十世纪三十年代的苏联,跳伞运动在高中生中风行一时,他们甚至进行跳伞精准度的竞赛。当时的公园和游乐场里遍布着钢铁制成的跳台,甚至还有专为儿童设计、装有绳索和安全吊带的小型跳台。

另外,德国的飞行滑翔技术一直在世界上遥遥领先。这种优势的形成原因主要是:在两次世界大战的间隔期,体育航空成为德国飞行先驱避开《凡尔赛和约》限制的唯一方法。1931 年,德国的滑翔先驱发现上升暖气流能够让滑翔者在空中保持数小时,而不是以前的短短数分钟。维利·梅塞施密特(Willy Messerschmitt)发明的德式战斗机后来一度遍布二战时期的天空,而在其职业生涯初期,他发明了一种轻型运动飞机,日后纳粹空军飞行员对这种滑翔机进行了绝妙的改造利用。

直到二十世纪,欧洲滑翔机一直处于世界领先水平。先别把我的话当真。你可以问问世界知名的美国飞机设计师伯特·鲁坦。出于对欧式滑翔机的喜爱,伯特选用了轻质复合材料来制作组装飞机。几年后,这种复合材料的选用在他参评"X 奖"时起到了关键性作用,而且让他站在了航天竞赛阵营中的前列。

1943 年,伯特出生于加州乡间小镇迪纽巴。他和哥哥迪克共享一间由木棚改造而来的房间。他们在房间里放满了各种飞机模型、发动机零件、胶水、轻木和种种工具。迪克用各种组件制作模型,进行试飞,然后损毁;而伯特则把碎片捡起来,用它们制作出新的模型。母亲艾琳会带着他驱车前往内华达山脉;当母亲用开赛车的方式驾驶旅行车的时候,伯特就会在后座把玩飞机。后来,伯特获奖无数,导致模型飞机协会必须改变之前的评选规则。

鲁坦的事业起步于爱德华空军基地。当时,F-4 幻影战斗轰炸机缺乏稳定性的特点众所皆知,而鲁坦要针对如何驾驶 F-4 撰写一本规则手册。尽管这项工作让人兴奋,但仍无法与建造飞机所产生的兴奋程度媲美。伯特真正想做的是拥有属于自己的飞机库,并且设计建造自己的飞机。他确实做到了:他缩比例制作的萨博战斗机模型,尽管尺寸比较小,但是这一点几乎可以忽略,因为他的模型开起来就像驾驶真的喷气机一样过瘾。于是,伯特开始向其他自制飞机爱好者推销自己的 VariEZE 飞机①。

VariEZE 飞机易于制造,而且价格低廉。"如果你能够同时嚼口香糖和走直线,"伯特这样写道,"那么你就不会有问题。"你不需要在建造过程中使

---

① "VariEZE"的英文发音是 very easy(意思是"非常容易")。——译注

伯特·鲁坦的模型飞机表现抢眼，导致竞赛必须更换规则。

用任何金属。你不需要铸造任何东西。你只需要一大块泡沫板,将它切割成适当的形状,然后放在碎玻璃和环氧树脂上面。这种技术——伯特在研究进口欧洲滑翔机时发明的技术——成了他的扬名之作。

伯特的顾客对他彻底开放的心态表示赞赏:他不断地修正自己的设计,阅读并回复每一封信件,还发行了一些小杂志,详细刊载了每一个小故障、每一个问题、每一个事故,以及——是的——每一次坠机。但是,他最终遇到了一个问题,而这个问题的历史跟飞行本身一样久远:他遭到了起诉。同样的情况也曾发生在莱特兄弟身上。当人们开始建造自己的飞机,且产生错误的结果时,他们就将兄弟俩告上了公堂,要求他们为事故负责并赔偿。这妨碍了他们之后的事业发展。

毫无疑问,鲁坦设计的 VariEZE 飞机、VariViggen 飞机,或者 LongEZE 飞机①,都可以称得上是史上最安全的轻型飞机。但是,随着鲁坦卖出的飞机越来越多,他在法律诉讼问题上也越陷越深。就这样,尽管有些不情愿,鲁坦也开始寻求其他的赚钱渠道了。他重新回归了模型制作的工作,制作用于试飞的小型样机。事实证明,用这种方式开发飞机——对于两次大战之间的德国滑翔者和运动飞机先驱来说,这再熟悉不过了——比风洞测试更具可靠性,而且更加便宜。于是,伯特开办了自己的公司——缩尺复合体公司。该公司现已成为使用复合材料进行航空设计这一领域的领军者,而这种复合材料被称为"快速玻璃"。

穿上加压服,然后爬进驾驶舱,这算是简单的了。困难的地方在于如何爬出来。"狭窄"并不能足以准确形容这架全复材飞机的机内情况,尽管在2005 年它号称是世上最先进的复材飞机。

"维珍大西洋环球飞行者号"就是伯特·鲁坦设计的,设计意图是使用一缸燃料搭载一位勇敢无畏的飞行员环游世界。而这名飞行员必须在清醒状态下待在跟棺材差不多大的狭促空间里至少八十小时——当我从驾驶舱挣扎着爬出来,沐浴在莫哈韦沙漠干燥炙热的阳光下,我突然意识到:也许那个飞行员就是我。

---

① "VariViggen"的设计受到了瑞典 Viggen 式战斗机(即"雷式"战斗机)的影响,起名 VariViggen,意为"非常雷式"。"LongEZE"则表示航程更远,该机型可从美国东海岸飞到西海岸。——译注

貌似战斗机，实为组装飞机——伯特·鲁坦的 VariEZE 飞机。

史蒂夫·福赛特是这架飞机的拥有者以及主驾驶员。作为我的朋友，也为了感谢维珍大西洋公司对该项目的赞助和支持，他让我作为副驾驶员——或许，他是为了要取笑我：我马上就要过五十五岁生日了，拥有几家航空公司，还有不计其数的气球项目世界纪录，但是，我还没有拿到飞行员执照。（我居然还没拿到它！）

根据我们的计划，如果史蒂夫在"环球飞行者号"起飞前数周内健康状况恶化，我必须立刻考取飞行员执照，随即驾驶这架极具实验性的飞机开始环球旅行。这基本符合我一贯的人生哲学，那就是在面对陌生可怖的极端状况时，我们应该"边动手边学习"。

可是，这种状况没有发生。2005 年 2 月 28 日，我在地面上挥别了史蒂夫，目送他踏上了冲破纪录的征程。看着史蒂夫离去，我的心几乎跳到了嗓子眼。史蒂夫对这个计划堪称是全心全意投入；而现在，他几乎命悬一线。

就在六年前，也就是 1999 年夏天，史蒂夫在"飞翔 M"牧场吃晚饭，在场的有他的赞助者巴伦·希尔顿（Barron Hilton），以及试飞员迪克·鲁坦，后者是伯特·鲁坦的哥哥，并于 1986 年跟他的搭档吉安·耶格尔（Jeana Yeager，与查克无关）在全程不停顿、不加油的情况下，完成了环游世界的计划。

迪克和吉安在三点五英尺宽、七英尺长的封闭驾驶舱里待了整整九天。飞行对他们的听力造成了损坏，而整个计划让他们的友谊毁于一旦。（这本书中的许多人都为各自的冒险付出了终极牺牲；这本书中的所有人都付出了某种代价。）

在餐桌上，迪克对打破飞行纪录——以及他弟弟在飞机上使用的新材料——展现出了极高的热情。他认为，现在环球旅行所花费的时间将远远少于最初的"旅行者号"。而且，甚至单人的环球旅行也有可能实现……

史蒂夫听得着了迷：这不就是在地球大气层内能够获得的最后一项飞行纪录嘛！而且称得上是二十一世纪第一项伟大的飞行成就！

第二年八月，史蒂夫前往奥什科什参加实验飞机协会（Experimental Aircraft Association）的年度"空中冒险展"。这是美国飞行领域最大的盛会，每年吸引超过一百万人次前往观看。史蒂夫此次前来并不是为了问东问西（尽管我们都知道，史蒂夫对任何长有翅膀的物体都极度痴迷）；他和伯特·鲁坦计划举行一次会议。伯特需要一笔创业基金。他手头握有几个飞行计划，并向史蒂夫提供了一架航天飞船上价值 700 万美元的驾驶席位，另加

250 万美元,作为单人环游世界计划的酬劳。

史蒂夫被彻底惊呆了。一架航天飞船?

伯特对"X 奖"做出了解释:这个奖项价值一千万美元,任何让飞行器在两周内两次跨越卡曼线后进入太空的非政府组织,都能获得该奖项。

史蒂夫咽了口唾沫。"那另一件事呢?"事后,他对没能把两次机会都抓住感到懊悔,但是我认为他的选择是正确的。"太空船一号"需要一位试飞员;而"环球飞行者号"则需要一位冒险家。

没几个人能够忍受在棺材大的空间里坐上四天,更别提还不能睡觉,且必须操纵未经安全检验的飞机。从心理上来说,史蒂夫是最合适的人选。甚至就在当时,他还在尝试(他尝试了六次)成为首位驾驶气球进行单人不间断环球旅行的飞行者——这次旅程最终耗费了十四天又十九个小时。尽管史蒂夫热爱社交生活,但他也能淡定地享受独处时光。孤独对他来说并不可怕。

和伯特会面后不久,史蒂夫参加了我在维京群岛自家宅子附近举办的一场帆船竞赛。他打电话邀请我成为他的比赛搭档。(史蒂夫总是知道如何挑起我的兴趣!)随后,他向我讲述了新的飞行计划。当时那架飞机取名"摩羯座号"。关键的设计理念已经确定。迪克和吉安设计的"旅行者号"由两个螺旋桨驱动,而"摩羯座号"只有一个由山姆·威廉姆斯博士设计的喷气式发动机。这种设计本身就意味着进步。(威廉姆斯本人就是一本传奇:他在青年时期患上眼盲,但他却用双手做出了世上最美丽的发动机。)史蒂夫讲得越多,我就越兴奋。

这一开始就是一场绝妙的冒险。锦上添花的是,这场冒险还将为飞行产业带来革命性的改变。

"摩羯座号"——之后更名为"维珍大西洋环球飞行者号"——成功的关键在于建造过程。整架飞机的架构全部采用了复合材料。

复合材料是由两种以上不同物质融合而成的建筑材料。把水泥倾倒在钢筋上,你就是在制造复合材料;把泥浆和稻草混合成砖块,你也是在制造复合材料(而且这种方法非常好;在某些环境中,泥砖比水泥更能抵挡恶劣气候)。当你将环氧树脂涂抹在玻璃碎片上,试图修补船体破洞时,其实你正在制造一种名为玻璃纤维的复合材料。

伯特·鲁坦在缩尺复合体公司研究的复合材料都来自模型制造者和滑翔机制造商所使用的普通材料:玻璃、树脂、泡沫芯体和填充剂。这些复合材料几乎和金属一样坚硬，重量却比金属轻得多。如果用复合材料建造客机，你就能省下一大笔燃料费。

问题是：你能做到吗？

毫无疑问，维珍大西洋航空公司不可能自己制造客机——这种商业运作方式早在二战前就已绝迹！但是，通过持续努力和追加投资，我们能够让空客以及波音对我们建议的复合材料加以重视。

长途客运飞机算得上是世界上结构最复杂的机器。目前，其中大多数都是波音公司和欧洲空客集团制造的。作为高高在上的市场领袖，同时又是自身组织极为复杂的庞大机构，两家公司均具有保守的倾向。从某些角度看，这并不是坏事。登上这些公司制造的飞机，等于是将性命托付给了他们，因此，我们希望他们的飞机能经得起重重考验。但是，从另一方面来说，波音和空客很难创新。他们把选择权完全交给顾客，然后制造出顾客想要的产品。

当然，维珍也是他们的顾客之一。与史蒂夫·福赛特谈话时，我突然意识到：如果我们支持他的计划，就能够清晰地展示出我们今后想要使用的飞机种类。

"维珍大西洋环球飞行者号"将会携带超过本身重量四倍以上的燃料，其三体式的设计布局将飞机的整体重量分布于两翼。山姆·威廉姆斯设计的发动机是由传统喷气式发动机改造的，受计算机控制，还配有整块钛金属切割而成的波形高效风机。机身是由玻璃、石墨、芳香聚酰胺组成，并由环氧树脂以及合成树脂粘合。一旦受热，复合材料就会变得异常坚硬，且比铝还轻。操作系统保留了传统方式——史蒂夫讨厌遥控驾驶仪之类的玩意儿，倾向于亲手接触控制面板——但是控制系统和通话系统功能完备，史蒂夫甚至可以在飞行途中小睡几分钟。通过计算机辅助设计，飞机的空气动力系统得以提升，远远优于八十年代的经典设计，即出自迪克和吉安之手的"旅行者号"。更令人震惊的是，此次飞行计划充分利用了急流，让"环球飞行者号"飞行距离比之前任何喷气式飞机都要多了百分之七十五。在我们看来，前景几乎一片光明，我们的飞机定能成功环游世界。

问题是，史蒂夫能做到吗？

2月28日星期一，在那个寒冷刺骨的夜晚，"维珍大西洋环球飞行者号"从堪萨斯州萨莱纳起飞。飞行过程并不顺利。到底出了什么问题？首先，史蒂夫的全球定位导航系统停止工作了。没有导航仪，史蒂夫就无法按照要求确认路标,无法向世界航空运动联合会证明此次飞行的真实性,也就无法实现打破世界纪录的目标了。我还记得当时的紧张气氛:我坐在相对舒适的护卫机上,鼓励他为了计划的实现继续飞行;而史蒂夫则垂头丧气,信心低迷,犹豫着是否要返航。就在千钧一发之际,全球定位导航系统奇迹般地重新开始运作了!

第二天清晨,史蒂夫发现了一个更为严重的问题。和其他飞机的封闭舱类似,史蒂夫的舱体能在飞机发动机作用下始终保持平稳的压力。如果发动机失灵,舱体就会降压;这样一来,史蒂夫就得启用备用氧气。只是,他现在已经没有备用氧气——他前一天爬进密封舱时,无意中撞到了应急氧气开关。山姆的发动机不仅要保证让史蒂夫环游世界,还肩负着维持他生命的重任。

接下来的问题看起来有些傻里傻气。驾驶护卫机的维珍大西洋航空公司飞行员亚历克斯·泰(Alex Tai)想要靠近拍摄一些照片。自从开始飞行后,我们已经对拍照习以为常。可是,亚历克斯的飞机回流猛然扫过了史蒂夫飞机的左翼,扰乱了将后者维持在空中的低气压区域。当飞机的机翼以这种方式从气流中脱粘时,我们称之为"失速",而失速的飞机拥有和砖块一样的空气动力特性。史蒂夫手忙脚乱地努力维持飞机的平衡,还不忘把可怜的亚历克斯臭骂了一顿——亚历克斯竟然把这些对话也全部拍摄了下来!

史蒂夫对接下来的飞行充满了信心。然而,下一个真正严峻的问题即将浮出水面。在波斯湾上空,史蒂夫意识到飞机已经消耗了两千磅燃料。飞机开始爬升时,一定有不少燃料从通风口掉了出去。燃料不足加上氧气储备不足,史蒂夫别无选择,只得硬着头皮坚持下去,并一路祈祷。山姆·威廉姆斯的喷气发动机的轰鸣声几乎是他唯一的伙伴。

2005 年 3 月 3 日,史蒂夫·福赛特终于驾驶着世上最具变革精神的飞机回到了堪萨斯州萨莱纳铺有柏油碎石的飞机跑道,这里也是他的旅程开始的地方。他并未用光燃料,也没有遇到任何需要使用应急氧气的情况。

飞机跑道上迎接他的还有另一架令人惊艳的飞机——"凯利飞行者号"。这架飞机产自英国,通过海运来到这里。滑翔机专家艾伦·麦克沃特在两年前参与了飞机的修复工作,并全力教我如何驾驶。他在当天驾驶了这架飞机。

"维珍大西洋环球飞行者号":依靠单缸燃料进行环球旅行。

"在他身处的年代，乔治·凯利爵士是当之无愧的飞行先驱。"我对挤过来的记者说，"如同伯特·鲁坦是我们这个年代的飞行先驱一样。'维珍大西洋环球飞行者号'设计发展过程中所用到的技术，将会引领未来商用飞机的设计走向。"

当时，新闻界很少关注"环球飞行者号"技术层面的信息，也不理解其重要程度。但是，时代已经不同了。

1906 年，瑞典物理学家斯凡特·奥古斯特·阿列纽斯（Svante August Arrhenius）出版了《世界起源》一书，首次提及"温室效应"的概念。他是世界上首位预言燃烧产生的二氧化碳将会导致全球变暖的科学家。

太阳将我们周围的空气加热。空气由水蒸气和许多不同种类的气体组成，它们被加热的速度不同。二氧化碳被加热的速度很快，但不会无限地维持高温。一些热量会散发到太空当中，一些热量经过地面反射重新被大气层吸收。因此，二氧化碳的工作原理和毛毯类似。毛毯越厚，地球的温度越高。

阿列纽斯认为，温室效应最终看来是一件有益的事情。地球上的人口越多，空气中的二氧化碳越浓，地球温度越高，万物的生长速度就越快——这样就会有足够的粮食供应不断增长的地球人口。阿列纽斯关于人类行为和气候变化之间的反馈循环理论，听起来相当新颖，但他忽略了一个关键环节。他预计，二氧化碳水平每三千年就会翻一番。然而，现在的二氧化碳水平，每个世纪就会翻一番。

今天的地球上，人类活动产生的二氧化碳只占该气体总排放量的百分之五点五。人类每年向大气排放三十亿吨的二氧化碳；而地球上所有生物每年向大气排放五百五十亿吨的二氧化碳。问题在于，保持地球气候稳定的反馈循环本身极度敏感。大气中二氧化碳的含量只要稍有变化，就足以永久性地改变地球的大气候。

我们很清楚，人类正在改变地球的气候。这听上去并不奇怪。你还知道其他会生火的物种吗？只有人类才会燃烧物品。大约一百八十万年来，人类一直这样生活。可是，我们目前的人口数量远远高于一百八十万年前。我们通过燃烧来获取能量，满足生产活动的需要。多数的生产活动都至关重要，它们的存在保证了人类的生存繁衍。这些生产活动净化我们的饮用水,培育、分配和烹调食物,为我们供应服装,保持我们身体的洁净,还为我们提供药品。

所以,当听说航空业产生的二氧化碳排放量只占所有产业碳排放量的百分之二。换言之,低于全人类碳排放量的百分之零点五时,我们对此并不感到奇怪,毕竟这个产业看似与燃烧没什么关联。另一个看起来我们不要也能活的产业是IT产业。你可能觉得这个产业比航空业更难割舍,所以,当你听说IT产业碳排放是航空产业的两倍时,也就不会奇怪了。那些对碳排放量产生巨大影响的,都是对人类生活来说不可或缺的基础产业。

我相信像航空这样的产业,通过研发对农业、发电这样真正重要又污染严重的行业提供能直接使用或改造使用的技术,将为全球变暖找到有效的解决办法。这就是我将维珍下属的运输企业所获的部分利润、股息持续投入"维珍绿色基金"这类机构的原因。我们的目的是投资和研发那些可持续、可再生的新型燃料和能源。一旦其他产业能听取、采纳我们研发的技术,就会产生真正的全球效益。我们必须认清问题的严重程度:减少向大气中排放的二氧化碳的数量,可能并不足以拯救全人类的命运。如果詹姆斯·洛夫洛克所言不假,那就意味着我们必须清除大气中的二氧化碳!

根据洛夫洛克的理论,为了维持目前的地球气候,我们需要吸收的二氧化碳量必须多于总排放量。因此,我们目前需要的"圣杯"就是一种能够清理大气中二氧化碳的产品。这种产品必须既有效又能带来可观的商业价值。光有好点子,从来都是不够的。它们必须为大众所接受,必须能让人理解,且不仅局限于个别人士之间,而必须以全世界人民为对象,无论他们是否相信或者是否在意全球变暖,无论他们对碳到底有多少了解。

2007年2月9日,我宣布了"维珍地球挑战奖"的诞生:维珍公司将投入二千五百万美元,鼓励个人和团体研发具有商业价值的设计,这种设计将在不产生有害效应的前提之下,至少持续十年,将大气中的温室气体逐年清除。"维珍地球挑战奖"是史上金额最高的奖项。

从九十年代早期以来,我和威尔·怀特霍恩为维珍集团制定了一系列战略规划,其中就包括极受媒体关注的"环球飞行者号"、"维珍绿色基金"以及"维珍地球挑战奖"。我们的初衷并非出于环境保护。当时,我们更关注维珍集团的生死存亡。巨额的燃料开支让我们举步维艰。我们意识到,长远的成功取决于我们怎样应对巨额的燃料费用。

我们首先计算了地球上的石油被消耗殆尽的时间。更准确地说,我们计算出了廉价燃料被消耗殆尽的时间。（地下的化石燃料总会存在，但它们不像石油那样容易提取。）在一位名为杰里米·莱格特（Jeremy Leggatt）的专家帮助下，我们确定了具体时间，尽管目前为止没有人相信这个数据的真实性。我们预计这个时间将会是 2015 年。

随着时间的推移，我们拥有了更加精确的数据。始于 2008 年的全球性衰退小幅减缓了能源消耗量。但是，我们的原始预测并未发生动摇：到 2015 年，或者在此之前，提取地下剩余石油的成本将会大幅升高。而其他形式的能源将更加便宜。

通过与捷达集团（Stagecoach）、苏格兰和南方公司（Scottish & Southern）以及奥雅纳集团（Arup）等其他几家企业的合作，我们成立了特别小组，针对"石油顶峰"等热点问题展开调研。该小组目前已经发布了两份报告，旨在敦促政府加速提升英国可再生能源的发展水平。

在维珍集团的公司发展和基础设施建设方面，我们坚持低碳经济的原则。例如，我曾经提议向英国铁道系统投资十亿英镑，将英国西海岸的主干线上运作良好的低碳技术引向更高水平。

我在这里不便赘述——如果你对此感兴趣的话，我在《剥光商业》（*Business Stripped Bare*）这本书中提供了更多具体的商业建议。我只想说，从 2015 年开始，我们的经济将更低碳，不管你喜欢还是不喜欢。问题是：这种经济到底是什么样的？我们的未来社会是否真的有智能电网、风力涡轮机、新一代核能发电站、太阳能电池板、隔绝性良好的房屋、合成燃料以及神奇的电池？或者，将来是否会发生婴儿死亡率上升、社会腐败倒退和全球性的淡水战争？

我很清楚，在一本关于飞行冒险的书中谈论这些话题，会显得很沉重。但我想告诉大家飞行产业以及该领域最权威的专家正在如何应对危机。如果这本书只谈重量更轻的飞机以及性能更佳的燃料，它就无法成为优秀的冒险故事。现实更加惊心动魄，也更具争议性。飞行产业将会发生重大变革，太空领域的一支新力量即将诞生，而我认为这些变革和实验掌握着通往人类未来的钥匙。

第十章
回到未来

1984 年，我当时正在检查新成立的维珍大西洋航空公司中所有我能设想到的细节问题。我们在希斯罗机场对贵宾候机室进行装潢，正需要一些墙体材料。我决定把小时候阅读的一本五十年代连环画的故事情节用来装饰墙面：它讲述了一男一女搭载着跟二战时的轰炸机差不多大的宇宙飞船进入太空的故事；在这个故事中，普通男女成了伟大的先驱和探索者，外太空则为人们提供了财富和自由。

我还记得走进装潢完毕的室内那一刻的情景：迎面而来的是色彩艳丽、充满童趣的卡通画；我还看到了童年时期的偶像"大胆阿丹"（Dan Dare），他穿着连衫裤工作服，戴着鱼缸式头盔。我当时想："这还不够。"

十多年后，个人太空游持续升温。我和威尔·怀特霍恩很想知道太空是什么样子，于是建立了维珍银河公司。这家公司的成立在当时更像是例行公事，目的是确保相关活动在维珍集团的文件上没有问题。维珍银河公司的运作，其实就是我和威尔两个人穿着衬衫在莫哈韦沙漠游荡，分享着关于火箭发射的无稽之谈。

1999 年 3 月的一天，威尔特意跑去注册了公司名称。当天晚些时候，他专门打电话问我："理查德，你没有告诉我。"

"我没告诉你什么？"

"难道你忘了？"

"忘记什么了，威尔？"

"你已经帮维珍公司注册了用于太空的商标、签名和标识!"

我和威尔研究的第一种运载工具是一架装有火箭发动机、名为"罗顿"(Roton)的直升机。这种直升机发明于二十世纪九十年代晚期。至少从理论来看,"罗顿"直升机非常有魅力。我来解释一下,这就好比你带着花园里浇水用的水管来到屋顶,让水管的一端摇摇晃晃地悬挂在鱼塘内,再把水管的另一端围绕在头顶。很快,水将会在你周围喷涌而出,而鱼塘里的鱼儿就要遭殃了。

美国发明家贝文·麦金尼(Bevin McKinney)想要把旋转式泵带入太空。"罗顿"其实是一个顶部装有四片转叶的太空舱。每片转叶顶端都装有一架火箭,由太空舱底部的油缸供应燃料。当太空舱准备离地升空时,火箭带动叶片旋转,将太空舱抬升至空中。这个想法很聪明,因为在大气层中采用让转叶旋转的起飞方式,比光是点燃一个身下的火箭更有效。更聪明的是,转叶的旋转将燃料不断从燃料缸中抽出来,这样就省去了结构复杂而将传统火箭变得沉重不堪的燃料泵。

当太空舱到达某个高度后,转叶最终会停止运转,原因在于这个高度没有足够的空气可以提供抬升的力量。这时候,转叶会减缓旋转速度,点燃太空舱,将其送入太空。这种推力所剩下来的一小部分将用于保持转叶的旋转以及燃料的输送,此时的旋转有助于保持太空舱在上升阶段的稳定。再次进入大气之前,所有的叶片将被折叠收回;一旦空气密度足够提供适当的阻力,叶片就会再次打开。太空舱将像直升机一样缓慢地旋转降落。非常优美。只是,不具备可行性。

从理论上说,这种设计堪称简单优雅,真正做起来却很复杂。一家名为"旋转火箭"的公司(这个名字倒是很贴切)是"罗顿"的推崇者,他们非常贴心地允许威尔驾驶早期的试验太空舱,体验用直升机模式来处理问题。威尔是一名经验丰富、注重实践的飞行者,他接触"罗顿"操纵系统后得出结论:这个计划永远不会成功。这个消息无疑非常令人沮丧。

1999 年,站在旋转火箭公司门阶上的利益相关方并非只有威尔——飞机设计者伯特·鲁坦也在现场。我还记得威尔、伯特和我在莫哈韦太空站的旅行者号餐馆详细谈论"罗顿"计划时的情景。我在九十年代认识了伯特,当时他正为"地球风号"气球计划设计航空舱。而威尔当时并不认识伯特,他在纸巾上潦草地画出 X-15 模样的火箭推进式飞机,还在伯特面前挥动这张纸巾,看起来就像迪士尼动画片里的跳跳虎。

理论上很美：旋转火箭公司试图将一架直升机送入太空。

三年后，维珍大西洋公司同意分担史蒂夫·福赛特设计"维珍环球飞行者号"的费用，于是，威尔和伯特开始了真正的冒险。威尔邀请维珍大西洋的一位驾驶员亚历克斯·泰——哦，是的，又一个火箭迷——参与此次计划。有一次，威尔和亚历克斯前往缩尺复合体公司查看"环球飞行者号"的制作进度，而最终成果却大大超出了他们的预料。绝对是大大超出了预料。

威尔首先打电话给我。他说："虽然我非常尊敬史蒂夫·福赛特，但我想说，'去他妈的环球飞行者号'。"

"你说什么？"

"伯特·鲁坦建造的是宇宙飞船。"

看到尼尔·阿姆斯特朗登上月球时，我曾经自忖："这只是个开始。"当时，我只有十九岁，但已经在想象我们这一代的每一个人都将有机会进行太空旅行。显然，在电视机前观看这次历史性的跨越给我留下了不可磨灭的印象。多年来，人生中最吸引我的人——我最好的朋友以及最亲近的同事——都坦言自己私下里（其实并没有那么私下里！）其实是不折不扣的火箭迷。

对于这个问题，威尔·怀特霍恩所说的话逐字记录如下："九岁时，我首次形成了对太空的印象。我住在爱丁堡，当时正在黑白电视机前观看巴斯·奥尔德林和尼尔·阿姆斯特朗登上月球的全过程。我妈妈对我说：'总有一天，你也会飞向太空的，威利。'"

听起来有些耳熟吗？威尔、亚历克斯，还有我都不是个例。我们完全不是个例。整整一代人在成长过程中都一直坚信太空旅游近在咫尺。如今，多亏了彼得·戴曼迪斯（Peter Diamandis），我们的美梦终于成真。

1994 年，彼得·戴曼迪斯博士收到了一本查尔斯·林白撰写的《圣路易斯精神》（*The Spirit of St Louis*）。在书中，林白用大量细节描述了他的工作团队赢得奥泰格奖的过程。终其一生，他都梦想着能进入太空。然而，在人生的大部分时间里，他的梦想不过是一个幻想——是一些可以在餐桌上、在面试小组跟前讨论却不至于弄出太大动静的话题，更是一些稍显尴尬的话题。（从很多方面来看，这个梦想现在仍然如此。）但是，林白的书却改变了彼得的人生。他意识到，太空旅行的梦想是可以实现的；而一旦得偿所愿，他需要的是获得一个特别的肯定，正如林白驾驶飞机飞越大西洋后功成名就那样。

HERE MEN FROM THE PLANET EARTH
FIRST SET FOOT UPON THE MOON
JULY 1969, A. D.
WE CAME IN PEACE FOR ALL MANKIND

NEIL A. ARMSTRONG
ASTRONAUT

MICHAEL COLLINS
ASTRONAUT

EDWIN E. ALDRIN, JR.
ASTRONAUT

RICHARD NIXON
PRESIDENT, UNITED STATES OF AMERICA

1969 年，NASA 宇航员把这块纪念匾额放在了月球上。
谁会是下一个读到它的人？

1996 年 5 月 8 日,在圣路易斯大教堂的拱门之下,第一届"X 奖"的评选规则正式公布:价值一千万美元的奖金属于首位能够在两周内两次将可重复使用的载人航天器发射进入太空的非政府组织。

就现阶段而言,这个奖项并没有实实在在的奖金。彼得的做法极具创意,他意识到所有人都可以设立奖项。他的职责——或者说"X 奖"的职责——就是找到最优秀的奖项:那些能够激励人们奋进、改革旧产业或者创造新产业、让世界变得更美好的奖项。

这个理念发展迅速:2004 年 5 月,"X 奖"正式更名为"安萨里 X 奖"(Ansari X),以此感谢定居美国的安萨里家族(伊朗裔)提供的数百万美元巨额捐赠。通过电信产业积累了大笔财富的安萨里家族期待着迈入太空。尤其对于阿努什·安萨里(Anousheh Ansari)而言,这远不止是一个商业决策。她不仅支持"X 奖",还在 2006 年成为首位女性太空游客。她乘坐着一艘"联盟号"航天飞船来到国际空间站,进行了为期八天的太空之旅。

夺人眼球的国际性大奖,比如奥泰格奖和安萨里 X 奖,为这个世界创造了无数的希望和灵感。一旦奖项正式设立,人们就会停止询问某件事情能否实现,而是询问这件事情何时能够实现。2004 年岁末,当价值一千万美元的大奖找到归属时,共有超过一亿美元的资金被投入了新技术领域,旨在获得这一奖项。我将其称为投资回报!

伯特·鲁坦从 1994 年起开始关注航天飞机领域的新点子。他已经在自己的飞机库里建造了一架战斗机,把 1962 年的萨博"Viggen"战斗机来了一番专门针对自制飞机市场的改造设计。从他的角度来看,航天飞机并非望尘莫及的梦想。他还记得待在爱德华空军基地时驾驶过的 X-15;他知道如何将足够多的能量注入足够轻巧的机身,让这个航空器进入太空。唯一的问题(他后来耗费了数年时间来解决这个问题)在于,如何将这个设计整合起来。

脱离地球大气层需要一定的速度,X-15 的飞行速度是音速的七倍。要进入绕地轨道,则需要突破 25 马赫!无论你将飞行路径设定得多么精确,你都将以极快的速度返回地球大气层——绝对比音速快!即使发动机无法突破音障,重力也会帮助你突破的。你的降落过程将会持续很久,因此你有大把时间用来加速。

如果航天飞机能够承受 7 马赫的上升速度,它就能够承受同样快的下降速度,只要方向正确就行。X-15 的试飞员发现,这就是最大的难点。

一旦 X-15 离开了地球大气层,机翼操纵面就失去了空气的阻力作用,进而就会失灵。这时,摆弄方向舵和襟翼都无法阻止飞机翻滚、旋转或者侧翻。为了在太空的真空环境下能够掌控方向,X-15 上安装了火箭发动机喷嘴。目前为止,一切都好。对于飞行员来说,难点在于如何将 X-15 精确地倾斜到适合降落的正确角度。如果角度正确,等到撞击地球大气层时,飞机的机翼操纵面就能够继续工作。降落角度必须调整到完美,精确至小数点后数位。若精确度不够,与地球大气层相撞时,飞机会变得无法操纵,或者产生旋转,甚至更糟。1967 年 11 月,X-15 试飞员麦克·亚当斯(Mike Adams)弄错了操作程序,导致降落角度发生严重偏移。他驾驶飞机从侧面撞击了地球大气,飞机爆炸成无数碎片,驾驶员当场死亡。

多年来,每当伯特思考如何建造航天飞机时,他都会想到麦克·亚当斯。他会想起为确保航天飞船能够降落到地球大气层内而设计的复杂系统,心情就会变得格外沉重。这种自动化系统远非他想要操纵的系统。见鬼,它们也远非 NASA 或者俄罗斯人想要操纵的系统!不管驾驶“水星号”、“双子星号”、“联盟号”还是“阿波罗号”,降落方式都一样简单粗鲁。上天保佑,你甚至不是坐在任何一种飞机的驾驶舱内,而是被困在狭促的太空舱里。太空舱首先以平齐的末端穿越大气层,然后在穿行过程中逐渐升温。一块厚重的金属护罩将再次进入大气层时产生的热量全部吸收。一旦太空舱抵达大气层足够厚的部分,它就会释放出降落伞。如果降落伞顺利弹出,你就得救了。如果降落伞失灵,你也就完蛋了。1967 年 4 月,尤里·加加林(Yuri Gagarin)的朋友和同胞弗拉基米尔·科马洛夫(Vladimir Komarov)驾驶“联盟一号”时不幸遇难,当时他的降落伞未能打开。

尽管在过去的两百多年间,降落伞的设计水平已得到了大幅提升,但跳伞仍然是一项高风险运动。几年前,亚历克斯·里奇(Alex Ritchie)在一起跳伞事故中丧生,让我痛失挚友。我自己也曾经历过跳伞时的死里逃生,那次我不小心抛弃了主降落伞。跳伞运动是一项惊险而又值得尝试的休闲活动;可是,如果说降落伞是再次进入大气层的唯一途径,那么你永远也不会把普通大众拉进这些危险之中,或者搭载他们进入太空。

伯特·鲁坦陷入了两难的困境。当彼得·戴曼迪斯 1996 年宣布“X 奖”正式成立时,他能够拿出手与之抗衡的只有一套言过其实的“太空舱—

降落伞系统"。尽管如此,他还是建造了一个名为"普罗特斯"的实验性发射装置。作为第一阶段发射器的早期雏形(当时还没有可发射物品的发射器),它对伯特团队中更具远见的工作伙伴来说无疑是种折磨。缩尺复合体公司工程师科里·伯德(Cory Bird)就是其中一员。他还记得自己在2000年曾向伯特反复强调,他们必须建造出一艘航天飞船——不管用什么方式。

伯德不断尝试各种设计,试图创造出某种空中刹车——确保航天飞船穿过大气层时速度降低且不致断裂的"羽毛状物体"。最终,伯特也迷上了这个点子。他开始抓住任何可利用的机会,不断地乱涂乱画所谓的"羽毛状物体"。于是,类似羽毛球的空中刹车开始覆盖所有的餐馆纸巾、慈善活动计划以及任何他能够接触到的小纸片。直到某天晚上,伯特在半夜里打碎了妻子唐亚(Tonya)的美梦,他大叫着:"我想到了!我想到了!"

童年时期,伯特玩过没有遥控装置的飞机模型。它们只会起飞,然后飞行。它们有定时器,飞行几分钟后就会自动降落到地面。而定时器会将机翼上的水平稳定器抬升至四十五度角,模型便会停止飞行,然后飘落到地面。水平稳定器一旦倾斜,它们就会成为强大高效的空中刹车。

如我之前提过的那样,地球大气层和宇宙空间的界限并不清晰。到达的位置越高,空气就变得越稀薄。如果伯特能够制造出有效的空中刹车,让航天飞船在仍然处于极高海拔时就降低飞行速度,然后穿过极度稀薄的空气,那么,当飞船真正撞击地球大气层时,速度也会随之降低。简单说,他意识到应该把整架航天飞船改造成一个巨大的羽毛球。一夜之间,伯特·鲁坦对自己赢取"X奖"的美好前景充满信心。

现在,伯特的"航天飞机系列"(SpaceShip)几乎就等同于维珍这个品牌:我们对于首批商业太空旅游计划怎样才能成功(关于这一点接下来会有更多的讨论)拥有共同的愿景;维珍公司一直大力支持——投资达一亿美元——"白色骑士二号—太空船二号"(*WhiteKnightTwo – SpaceShipTwo*)发射系统的研发工作。但是,真正拿出两千六百万美元,将纸巾上草草画就的"太空船一号"变成现实的人是保罗·艾伦。他是一位摇滚吉他手,科幻小说迷,微软公司的创始人之一,还是世界上最具技术革新精神的慈善家之一。一直以来,雄心勃勃的保罗都想要以某种形式参与太空竞赛。在"X奖"成立前,他就已沉迷于伯特·鲁坦所倡导的"亲自动手,你能做到"(hands – on, can – do)的理念了,并且同意资助后者的"自制"航天飞机。

伯特·鲁坦的发射系统分为两个阶段:"白色骑士号"作为一架机载飞

机,用来将装载的货物抬升至大约 53000 英尺,然后在半空中扔掉装载货物。接下来,装载货物的"太空船一号"作为一架火箭推进式飞机,一旦从"白色骑士号"掉落,就会自动点火,上升进入亚轨道太空,最后快速旋转着回到地面。

"太空船一号"的推进系统由蒂姆·皮肯斯(Tim Pickens)设计,他的父亲是参与过阿波罗火箭计划的 NASA 物理学家。蒂姆接受的正规教育并不出众,但他的车库里塞满了 NASA 淘汰的老旧发动机零件。他比任何人都更清楚如何装配这些零件。蒂姆一生致力于将笑气作为推动剂,他的观点终于在 1994 年得到认可,当时他把一架模型火箭捆在自己的自行车上。这么做确实有效,于是他建造了一辆新自行车和一架更大型的火箭。这次效果更好:自行车的加速比保时捷还快!

蒂姆为"太空船一号"设计的杂交发动机,融合了罗伯特·戈达德在二十世纪初发明的两种火箭推动式发动机的优点。这架火箭的燃料既有液态又有固态。固态燃料排列在火箭机体的内部,液态氧化剂喷洒在发动机内,随后被点燃。固态燃料表面发生反应,经过燃烧后变成气态。由于推进剂被单独储存,它们只在发动机内部混合。即便发生燃料泄漏,也不会发生爆炸。多年来,火箭发生的严重性系统失灵多数是致命的。蒂姆的发动机却截然不同,故障容错能力相当强大。

这种发动机很便宜。一旦所有的设计和工程任务完成,用生产线批量生产可以说相当简单。锦上添花的是,它们的污染很小。驾驶装有同样的火箭推进式发动机的"维珍进取号"(Virgin Enterprise)所产生的二氧化碳量,远远少于伦敦至纽约的往返商务飞行的碳排放量。我们的航天飞船很干净!

我们还能做得更好吗?我并不怀疑这一点。我们已经和"白色骑士二号"的发动机制造商普惠公司(Pratt & Whitney)合作,发动机经改造,将完全使用可再生飞行燃料;随着火箭技术研究越走越远,未来的前景也将越来越光明。在研发的初期,我们发现了各种各样的新式推进剂。例如,印第安纳州的普度大学发明了一种名为"爱丽丝"的发动机,烧的是水冻冰块中的铝粉,而且在不久的将来,这种发动机只会排放出氢气和水蒸气。你可以设想一下:一架只装了烟火粉末的蒸汽动力火箭!

"X 奖"要求的是一个非政府组织在两周内将一艘可重复使用的载人航天飞机发射进入太空两次。这就意味着,两名驾驶"太空船一号"的飞行员将有机会冲击大奖。

地球大气层横截面（未按照比例）。看看自从莱特兄弟飞上天空以来，
人类已经突破了多远的距离。

这两名飞行员都不是伯特·鲁坦的首选。缩尺复合体公司的飞行员兼工程师皮特·希伯特（Pete Siebold）曾经作为"太空船一号"的试飞员到达了三十二千米的高度。当时他被迫退出计划，原因是他肿胀的脾脏可能在飞行途中发生爆裂。（后来证实，皮特并未患上癌症。于是他又重回飞行计划，并在2008年12月驾驶"白色骑士二号"进行了首航。）

由于皮特的退出，千载难逢的机会落在了麦克·梅尔维尔（Mike Melvill）身上，他曾驾驶"太空船一号"（在"X奖"之前）首次冲击卡曼线——那是在2004年6月21日。对于容易晕机的麦克来说，这是一项不小的成就。然而，他学习飞行的初衷竟然是因为他的家族事业需要一个东奔西走的商人！请注意，那是在三十年前。到2004年，麦克已经六十四岁了，累积了超过七千小时的飞行时长，并且驾驶过一百多种飞机，其中包括十次试飞鲁坦的飞机。

麦克的朋友以及缩尺复合体公司试飞员布莱恩·比尼（Brian Binnie）曾经驾驶"白色骑士号"飞至47000英尺的高空，并将"太空船一号"在空中抛下。随后，"太空船一号"迅速翻至一侧，但是，一块机翼操纵面发生了故障，随后就听到几声巨响。麦克只能沉着应对——不可思议的是，故障居然自动修复了。在七十六秒之后，火箭燃料耗尽，并且开始减速。麦克此时正以每小时两千英里的速度向上攀升。因此，他别无选择，只能坚持下去，希望飞船能在重力将他带往地面之前及时突破卡曼线。

他最终成功了——尽管有些侥幸。世界公认的太空界限是一百公里，或者说是十万米。麦克·梅尔维尔创造的官方海拔纪录是100124米。麦克只进入了太空124米——这比奥运会游泳池长度的两倍半还少！

为了冲击"X奖"，跟母舰"白色骑士号"相连的"太空船一号"在9月29日开始了首次正式航行。随着"太空船一号"从母舰脱离，麦克重新获得了飞船的控制权。他点燃了发动机，这一次，他向大气层猛冲了103千米，继而冲出了大气层，完美地突破了卡曼线。

在为冲击"X奖"所做的第二次飞行中，另一位飞行员将有机会证明自己身为宇航员的无上荣耀——布莱恩·比尼对自己突如其来的好运气感到不可思议。

布莱恩早年在阿伯丁度过。十四岁时，他随家人迁往波士顿。大学毕业后，布莱恩当了二十年的海军飞行员。他一直期待成为一名宇航员。他的朋友将旋转火箭公司的一些成员介绍给他认识，布莱恩在和这群人的交

"白色骑士一号"搭载着"太空船一号"进行早班飞行。

往中首次接触到了火箭科学。此后,他进入缩尺复合体公司,成为伯特最信任也最喜爱的试飞员之一。2003年12月17日,他驾驶"太空船一号"进行了首次动力飞行,飞至十三英里的高空。

最后,飞机坠落地面。其实结果并不算坏,更像是一次艰难的降落而已,但此次坠落损坏了飞机左边的起落架支柱,从而与"X奖"擦身而过。布莱恩觉得再也无法获得他人的信任,自己不能继续驾驶这架飞机了。

麦克·梅尔维尔认为,应该再给布莱恩一次机会。他发明了另一种设置鲁坦的Long－EZ型飞机控制板的办法,可让飞机完全仿照"太空船一号"的形态降落。麦克和布莱恩甚至用硬板纸剪出面具,让Long－EZ型飞机的驾驶舱和"太空船一号"的外观、感受相同,并且拥有同样狭窄的视野。现在,轮到布莱恩作决定了。

在进行了八十四次起飞和降落之后,布莱恩下定决心再次挑战,而麦克坚定响亮地给予了肯定。就在麦克成功地进行了那次冲击"X奖"的飞行后第二天,伯特宣布了第二位飞行员的名字。布莱恩·比尼终于获得了证明自己实力的机会。

2004年10月4日,布莱恩驾驶"太空船一号"进入太空,比麦克的飞行距离多了九千米,刷新了火箭推进式飞机的海拔纪录,成功获得"X奖"。

维珍银河公司的职责是将不可思议的才智成就和个人英雄主义行为变成一门生意,这些成就和行为照亮了莫哈韦沙漠和其他地方的天空。2005年4月,伯特·鲁坦对美国立法者提及我们的计划:"*我们即将开创一个全新的……价值数十亿美元的、只关注乐趣的新产业,对此我丝毫不觉得尴尬。*"每一项新技术都要经历早期的玩闹阶段:个人计算机诞生于游乐场;第一架直升机是由橡皮筋驱动的;第一个飞机推进系统是孩子的一个拳头;第一架客机的航行只是在兜风,因为它的降落地点就是起飞地点。就目前而言,太空旅行的玩闹阶段有两种形式——然而,我们认为只有一种形式才是未来的走向。

借助二十世纪的新技术,例如火箭助推器,一些公司在节省大量资金和研发时间的前提下将人送入了太空,这都需要当事者自己承担风险。这种太空旅行的耗资通常都是天文数字——苏联曾经要价三千万美元将我送入国际空间站——否则,太空旅行将变得不安全且不舒适。我听说丹麦制造的太空服会将你牢牢绑在形状和大小都与棺材类似的太空舱里，然后，你可以透过树脂玻璃制成的舷窗斜眼看到外面的宇宙！

我们要做的工作还很多。但我相信，我们的方式将会创造一个可持续的市场，并引领太空旅游领域的真正未来。和其他旅行公司一样，我们研发的技术将为乘客提供足够的安全保障。

伯特写道："我们坚信，我们在开展商务固定航线服务的头五年就已经达到了预期的安全指标。尽管照现在的标准来看，我们当时仍然将乘客暴露于很高的风险中，但已经比当时政府的载人航天计划安全上一百倍了。"这么做耗资巨大——因此，我们的首批航天飞行要价不菲；大家不必感到惊讶，也不必担忧。一旦公司顺利起步，业务开始正常运营，我们就会尽可能地降低要价。尽管我们原本可以赚到更多钱，但我认为任何产业都不能将普通人拒之门外，否则，即便成为产业领袖，也是毫无意义的。

伯特和他的团队正在研发手工制造的发射系统。我想强调一点，这可是手工制造的。YouTube 网站上有一段视频，清楚展示了"维珍进取号"机身的装配过程。它非常轻巧，工作人员搬运机身时，只需简单地提起来，然后拿着走！在这样随心所欲的工作环境下，工作人员可以自由尝试各种方法加以改进，不断尝试。这就是我们从不固定具体期限的原因。以我母亲的名字"伊芙"命名的"白色骑士二号"已经试飞过了，并且可能在 2011 年或者 2012 年开放付费飞行。我们在该领域属于首创，而且，我们保证向乘客提供在未来很长一段时间内所能买到的最棒的飞行体验。

然而，我们的竞争对手也从未有过一刻的松懈，他们对于如何发展事业自有一套独特的想法。因此，很难把我们公司和竞争对手进行对比。在尤里·加加林第一次进入太空后，NASA 宇航员约翰·格伦（John Glenn）评价："现在，太空时代已经开始，未来大家都有许多工作要做。"请允许我向你介绍一些工作最刻苦的人。

自从倾注诸多心血的"希斯—罗宾逊"太空直升机计划破产后，旋转火箭公司进行了一番非同寻常的改革。许多工程师和项目负责人对他们太空旅行的梦想进行了彻底的重新思考，最后建立了"Xcor 航空航天公司"（Xcor Aerospace）。这家公司制造可靠性高的廉价发动机，并期待这种发动机能够在未来某天进入火箭推进式飞机内部，并飞入亚轨道空间。

人们把 Xcor 航空航天公司视为我们最大的竞争对手。这对 Xcor 来说并不公平，因为这听起来就好像 Xcor 是某种削价版的维珍银河公司一样。考虑一下：他们的要价不足我们的一半，飞行航程短，使用功率较低的"山猫"飞机，飞行时间短，乘客没有在零重力环境下体验飘浮的机会……这些都没错。但是，你列出的区别越多——Xcor 的乘客必须身着太空服，而维珍银河的乘客无需如此穿着；Xcor 的乘客坐在飞行员身旁，拥有环绕式视野，而维珍银河的乘客在太空舱里自由飘浮，从舷窗往外张望；诸如此类——你就越容易意识到，将如此不同的两件事物进行比较是非常愚蠢的行为。

2009 年，Xcor 将我们两家公司的区别表现得愈发明显。他们宣布，要价 95000 美元的飞行将不会穿越卡曼线——或者说，事实上，他们的飞行根本不会靠近卡曼线。与其说 Xcor 向乘客提供了进入太空的机会，不如说他们为你提供了一次乘坐 X-15 的惊险体验。他们会把乘客送上四十英里的高空，让其用飞行员的视野俯瞰地球，然后就是一场惊心动魄的返回地面之旅。"山猫"飞行并非廉价品，而是在自身能力范围内产生的绝妙想法。

他们能否维持自身的商业运转？我们的确有所怀疑，但我们必须给出诚实的回答，那就是没有人知道结果如何。Xcor 的商业模式和维珍银河完全不同。Xcor 并不想成为旅游公司，它是一家航天飞船制造商，会将"山猫"飞机租借给任何想要驾驶的人。如果"山猫"飞机不能抓住公众想象的需要，那么 Xcor 将会遭受沉重打击——但是它可能会坚持下去，以期再战。由于 Xcor 非常关注飞机制造，因此它能够将各种技术混合应用，建造满足新兴市场需求的新式飞机。"山猫"飞机本身也是经过改造而成，原型是为"火箭竞赛联盟"这家新兴体育飞行企业建造的竞赛飞机。而且只要能出现一位愿意租借的经营者，Xcor 就非常希望建造一架基本沿用"山猫一号"零件的轨道航天飞机。

Xcor 已经大跨步地迈入了绕地轨道，并且已将轨道分割成数段。他们计划每次前进一小步。这是个好主意，相当于美国空军 X 飞机计划的私有化版本，而且坚决秉承了自制的精神。

Xcor 正迈着冷静理智的小幅步伐进入太空。而将贝宝（PayPal）网络公司出卖后大赚一笔的埃伦·穆斯克（Elon Musk）可没有这么多耐心。他建立太空探索科技公司（Space Exploration Technologies，简称 SpaceX）只有一个目的：飞往火星。

随后，他发现火星登陆器的发射费用等同于造价的两倍半。有一个事实终于变得明了:必须研发出廉价的发射系统,否则就无法实现我们的太空梦想。埃伦已经花费了大约一亿英镑来研发廉价火箭。这笔钱花得很值。目前而言,发射装备进入轨道的费用在四千万美元左右。SpaceX 还能够使用可靠度极高的"猎鹰 1 号"火箭,以更低的价钱完成这项任务。

这种运作方式似乎与自制精神大相径庭;但是表象通常具有欺骗性。在埃伦搜寻总工程师时,他第一个找到了反应研究学会。反应研究学会建立于二十世纪四十年代,是美国最老的火箭俱乐部。一些美国最著名的飞机设计师都是其成员。反应研究学会把埃伦介绍给了汤姆·米勒(Tom Mueller)。在飞机库忙碌了无数个日夜后,身为加州 TRW 公司推进工程师的米勒刚刚搬去了朋友的仓库,他即将在那里完成设计的最后一部分:世界上最大的业余液态燃料火箭。这架火箭充分显示了航天飞船的自制精神!

当埃伦前往拜访汤姆并观摩其工作情况时,他只有一个问题:"你能不能造出更大的飞行器?"如今,汤姆·米勒又有了一个新头衔——也许是史上最酷的头衔:他成为 SpaceX 推进系统工程的副主席。

就在 2008 年圣诞节前,汤姆和 SpaceX 实现了他们的重大突破,获得了价值十六亿美元的合同。合同规定,在 NASA 淘汰现有的航天飞机后,他们必须负责向国际空间站提供供给。NASA 的这个决定非常冒险:如果 SpaceX 延期交货,那么届时只有俄国人有能力继续维持空间站。但这是一个正确的决定。一架航天飞机的造价是一架"猎鹰"飞机的三至四倍,而安全性能至少可以说是不甚理想。NASA 最终认清了现实,承认将轨道操作外包给投标方是明智的选择。

通过互相竞争,私营企业提出了不计其数的小创新,能够在亚轨道和近轨道空间的研究方面做得相当完善。与二战期间和战后的英国皇家飞机研究院类似,NASA 善于长远规划。然而,这些规划的具体细节最好还是由私营企业完成。不妙的是,NASA 引人注目且极具价值的低空飞越、勘测任务、火星登陆以及其他计划被迫一再缩减开支;与此同时,国际空间站这种项目却耗费了数十亿美元,而空间站的设计构造甚至在完工以前就已经陈旧过时了。

SpaceX 的终极抱负何在? 自从 SpaceX 为货运太空舱装上窗户以后,它就在很大程度上透露了自身计划的秘密! SpaceX 的工程师认为,到了 2010 年,七位机组成员将能够驾驶"猎鹰九号"火箭进入轨道。他们需要的只是某个可以让他们去拜访的地方。

一位艺术家（相当写实地）描绘的“运输居住舱”模块中的生活情境。

罗伯特·本杰罗（Robert Bigelow）介入了该项计划。

罗伯特对于要如何使用自己通过连锁酒店"美国预算套房"（Budget Suites）获得的财富，采取了非传统的观点。1999年春天，他读到了一篇关于一个名为"运输居住舱"（Transhab）的新型空间站的文章。"运输居住舱"体型巨大，而且可以组合在一起：两个"运输居住舱"空间站的室内体积比现有的国际空间站大得多。一年后，当美国国会终止该项计划时，罗伯特参与进来。如果说罗伯特对太空计划突然产生兴趣令人大跌眼镜，那也未免太轻描淡写了。他事后回忆："我甚至对老婆都没透露一丝消息，她一直被我蒙在鼓里。原因就在于，这个梦想极有可能无法实现。"

2006年7月，按照三分之一比例建造的测试模块"创世纪一号"（*Genesis I*），依靠俄罗斯火箭的搭载进入了轨道。这个模块满载着本杰罗航空航天公司员工提供的纪念物。它逐渐展开，开始运转，然后将模块内部和外部的视频图片发回地面。首次看到这些照片时，我无法决定哪一张更令人动容：从轨道拍摄的地球的壮观景象，或者是孩子们和我们所爱的人的照片在远离地面的无重力新式房屋中旋转的场景。"创世纪二号"（*Genesis II*）于2007年6月28日成功发射，搭载着公司网站访客寄来的各种小玩意儿。

罗伯特计划在2012年向轨道发射一个全面运转的可充气空间站，作为太空旅行的终点站。为期四周的旅程将花费1500万美元——这只是我参观国际空间站时俄罗斯人开价的一半。目前，我们最迫切的任务是找到让他的顾客进入轨道并进入这个旅馆的方法。他需要的是商用轨道飞行器。他设立了一个太空奖项——他在布莱恩·比尼驾驶"太空船一号"获得"X奖"后的一个月宣布了这个奖项的诞生——提供五千万美元的奖金，奖励所有能够建造可靠的私人航天飞机的人。

目前尚无人获得该奖项。

尾 声

去太空兜个风

"新生婴儿有什么用?"

当被问及蒙戈尔费埃兄弟的发明有什么用时,本杰明·富兰克林这样答道。

1960 年 6 月 16 日,星期四,乔·基廷格终于实现了自己的夙愿。

这位王牌试飞员热衷于自由降落和跳伞运动,并在大卫·西蒙的 Manhigh 工作团队中脱颖而出,最终有机会进行史上最宏大、最疯狂、最冒险的高海拔跳伞试验。

这项名为"上升"的美国空军计划始于 1958 年,旨在评估压力服和弹射系统在高平流层试飞实验中的表现。如果没有某种封闭式的生命支持系统,飞行员从处于一定高度的飞机上弹射出来必死无疑。即便是自由降落也无法足够迅速地将你带入可呼吸的安全空气中。(用基廷格自己的话说:"你这混蛋死定了。")因此,"上升"计划负责设计和测试能在地球大气层之外维持飞行员生命的设备。

他们研发出了第一套太空服。就像多数样品一样,它们设计巧妙,制作精细,但可靠性低。

"上升"计划的所有试飞都是基廷格完成的。他在 1960 年 8 月 16 日驾驶了"上升三号",也到达了自己的事业顶峰。这次起飞过程——和往常一样,基廷格驾驶着温泽设计的氦气气球——堪称完美。然而,基廷格到达 50000 英尺后发现自己的太空服开裂了。当他将右手蜷缩成拳头状时,手套没有给予任何阻力。当时,他感觉到两手开始肿胀,却无从得知太空服开裂的严重程度。很快,他的双手将失去所有机能。然后会如何?他觉得自己肯定难逃一死。

地面工作人员听到基廷格从宇宙边缘发回的报告,凭直觉猜测到有意外情况发生了。基廷格爱开玩笑,而当时他正即兴朗诵一首清新优美的诗歌。到达 103000 英尺后,基廷格已经将百分之九十九的地球大气抛到了身后,他宣称:"如果你们仰头看天,会发现天空既优美动人,又充满敌意。你坐在这里,然后意识到人类永远无法征服宇宙。人类只能学着适应宇宙,却永远无法征服它。"

此时,他的右手已经完全失去了作用,肿得像气球一样。但他仍然活着,仍然能够进行试验,而这个试验已经花费了他个人和"上升"团队成员数年的时间。他还能做些什么呢?他艰难地移至吊船的开口处,看见身下的地球呈现出弯曲状,被一层薄薄的蓝色天空覆盖。他的声音很微弱,但是飞行自动记录仪却将他说的话记录了下来:"上帝,现在请保佑我。"随后,他纵身跃下。

像乔·基廷格这样的先驱为我们创造了通往未来的种种可能性。如果没有乔,没有像他那样的人,那么美国的太空计划、月球登陆、国际空间站以及哈勃望远镜都不会存在,整个太空产业亦将是镜花水月,而我们的梦想——即便是维珍银河公司最起码的"逛游作乐"——也会成为痴心妄想。

让我们言归正传。同理可知:如果没有"太空船一号"试飞员布莱恩·比尼和麦克·梅尔维尔的无畏勇气和高超技巧,就没有"维珍进取号"。而要搭载维珍银河公司的乘客进入太空的交通工具正是"维珍进取号",届时,他们将会获得关于地球的真实图景:一个生机勃勃、独立自由的存在;一个没有边界的球体。

这些乘客也是先驱,正如在 1928 年("就像一袋土豆")飞越大西洋的艾米利亚·埃尔哈特一样。由于太空旅游的票价为二十万美元,我们的太空人正为世界首条商务太空航线提供资金——然后冒着生命危险,寄希望于它能够安全运作。

维珍银河公司的票价将会随着时间的流逝而逐渐下降。拥有更多飞行经验后,公众对该系统(已经是商务航天飞行历史上最久经考验的系统)的信任度将会得到极大的提升。什么时候我们的先锋者才会将自己视为单纯的"乘客"呢? 我敢打赌,在我有生之年是不可能发生的。太空浩瀚无际,空空荡荡,等待着无尽的新创意。这就是等待我们开发的新疆界。那些和我们一起飞行的人将会这么做,因为他们预见到了未来的发展走向。到我的孩子那一代,谁知道有多少梦想将会成为现实?

在十年内,维珍银河公司的航班将会变得更有规律,如果不是变得更为平庸的话。设想一下:时间是 2020 年,我们降落在新墨西哥州"美国太空港"的飞机跑道上。航站楼如同一只从沙漠中突起而不会眨动的蓝色巨眼。它对未来发出阵阵呼唤,美丽却不敏感。"大胆阿丹"也许会认出这个建筑。为什么不? 毕竟,我们正在建造的正是"大胆阿丹"所在的未来:一个所有人都有机会飞向太空的未来。

我们现在正处于着陆前的最后飞行阶段。想象一下:沙漠表面热浪滚滚,酷热难当,而飞机降落时必定猛烈颠簸。接着,最后几英尺持续上升的热空气起到了缓冲作用,让飞机逐渐趋于稳定。

起初,几乎所有人都驾驶着私人飞机前往这里。交通情况并不太好;没有公共交通线路,也几乎没有足够多的人需要公共交通。这种情况正得到改观。自从决定降低票价以后(你不妨设想一下),我们开始搭载来自更普通阶层的乘客。这些人将毕生积蓄投入到自己唯一的一次太空旅行中。他们没有能力经常包租飞机。最近,我们常用大型豪华轿车从拉斯克鲁塞斯机场接来乘客。

还有观光客。来自世界各地的观光客会特地前来观看飞机起飞的情景;如同当年的周末,度假者会蜂拥赶至克里登,围观电影明星、显要人士和政客成为首批飞越大西洋的乘客一样。多数观光客都选择驱车前往,已经有不少巴士公司开始运作观光旅游线路。"美国太空港"还要多久才会拥有自己的铁路终点站?

我们的飞机仍然乘着暖空气的缓冲垫。在沙漠中降落通常要持续很长时间,仿佛热空气下定决心要让我们保持飘浮状态。我们冲过航站楼时(顺便问一句,这个跑道到底有多长?)才得以瞥见将要搭载我们进入太空的机器外观。想象一下两架商务机的机翼末端粘合在一起的样子。这就是"白色骑士二号",即维珍银河的第一阶段。这架飞机将会搭载处于"太空船二号"内部的我们,飞上 50000 英尺的高空。随后,就像雄鹰丢落乌龟那样——它将会让我们离开母舰……

飞机起落架的轮子终于触碰到了飞机跑道。飞机不断颤抖,上下颠簸。设想一下:这架完全由复合材料建造而成的飞机(可以称得上是"维珍环球飞行者号"的后裔),比以往的任何飞机都更轻巧,你甚至可以感觉到飞机跑道上的纹路。随后,发动机停转,电力驱动的前轮开始启动,几乎悄无声息地将我们送回航站楼。我们再次看到了"白色骑士二号"。从这个角度,它没有其他参照物可供比较,在沙漠的映衬下显得格外渺小。它从本质上来说,仍然像是一架商务机,尽管可能非常奇怪地对折了起来。

当我们走近大门时,"美国太空港"优美流畅又有些傲慢无礼的线条环绕着这架飞机。我们停下脚步,舱门打开。顿时,辛辣酷热的沙漠气息充斥了整个舱体。我们将步行前往航站楼;这个地方并不大(目前为止),因此没有开发班车的必要。

我们和宇航员们共进了晚餐。之前,我们一起开过了总结会,也接受了同样的全面体检。现在,我们要仔细思考隔天的飞行。这是该真正团结起来的时刻了。所有人都很紧张,因此出现了许多缓和气氛的玩笑话。一些家伙让我想起报纸上一则有趣的讽刺语,那是在维珍银河公司开始运营之前的事了:如果我们拥有了由橡皮筋和笑气驱动的推进系统,我们至少可以选择笑死。

现实就是,为了制造出像我们这样的推进系统,已经有人付出了生命的代价。经过尝试和检验的技术是这样进行的:一些人进行尝试,一些人进行检验。2007 年 7 月 26 日,实验性推进系统的一部分发生爆炸,导致埃里克·布莱克威尔(Eric Blackwell)、格兰·梅(Glen May)和托德·埃文斯(Todd Ivens)丧生,另外三人身受重伤。这场事故发生的原因并不是操作不当或者疏忽失察。事故无法预测,也无从阻止。为此,缩尺复合体公司和监管部门不惜耗费数月时间进行专门研究,这才理解了事故的起因。

底线就是:缩尺复合体公司和其他研发公司的工作人员必须在实践中试验自己的理念。这是他们的职责所在,也是热情所在,更是他们每天前进的动力。然而,这个世界并不在乎热情和善意。这个世界残酷无情,每当工程实验失败,都会带来挫败感和挥霍生命的感觉。有时,财务问题也会接踵而至。我们在生活中需要不断为梦想的实现付出代价。

这一切简直让人辗转难眠。维珍银河公司的太空港奢华舒适,但几乎没有人能够睡足八小时。也许你是个能承受巨大压力的人;也许你是个像戈多·库珀(Gordo Cooper)一样在"水星九号"起飞倒计时的关键时刻其实已经睡着了的人;更可能的情况是,你会需要镇静剂,即使只是一些热牛奶。派和我也曾在气球起飞前吞过安眠药,即便是乔·基廷格,他也在那只氢气气球起飞的前夜服用了镇静剂。

不管你做了怎样的尝试,似乎都不起作用。经历半小时的辗转反侧之后,你不如索性起床,给亲朋好友写上几封信。你走到窗前,发现这是一个月圆之夜;然后你闭上了眼睛。想象一下:尽管已有无数的机器人在月球表面行走,尽管最近还有多项载人航天任务(美国预计在 2020 年再次登陆月球;中国则预计在 2024 年),月球却仍然保持着独特的神秘感,令人心驰神往。2009 年 10 月,月球陨坑观测和遥感卫星(LCROSS)故意撞击月球表面,试图寻找冰存在的痕迹。业余天文爱好者在望远镜里看到一道闪光。然而,这道转瞬即逝的光芒并未揭开月球神秘的面纱。如果要说它的作用,那就是加深了这种神秘感。这是一种多么奇怪的感觉:我们居然能够穿行数十万英里的浩瀚虚空,最终发现自己触碰到了另一个世界! 总有一天,月球上将会闪耀出光芒,将会有城市蚀刻在新月的轮廓上。这些城市的灯光也许甚至凭借肉眼便能看到。当这一切发生时,月亮将会显得愈发神秘,而

看看这块地方："美国太空港"目前正在建设中。

不是越来越不神秘：人们居住在一个岩石构成的星球上，而这个星球正是地球上海洋蒸腾、潮水翻滚的原因，这是多么奇异的感觉！

沐浴在月光中的你，不再为睡眠而烦扰了。当然，那就是你沉入香甜梦境的一刻。

最终，清晨如约而至。就在今天。今天——不知经历了多少年的梦想、奋斗和勤俭——你将要登上"太空船二号"，在短短几分钟后便把地球远远甩在身后。

用过早餐后，我们就穿上了轻型太空服，开始为起飞做准备。"太空船二号"在飞行过程中将处于完全封闭状态，因此无须穿着任何繁重累赘的装备。唯一的要求，就是将珠宝首饰留在房间，因为我们不希望在自由降落时看到密封舱中到处飘散着物品。

我们的"白色骑士二号"已经在停机坪上蓄势待发。昨天从飞机窗户向外远眺时，它显得格外娇小；可是现在它却成了庞然大物。它的翼展极大——大约与二战期间的 B-29"超级空中堡垒"轰炸机一样大；除此之外，"白色骑士二号"还配备了载运物。在它的双重机身之间悬挂着"太空船二号"，这架六十英尺长的球形航天飞船拥有奇怪的铰接翼。它已经加满了燃油，准备要从 53000 英尺的高度将我们弹入太空了。

如果说"太空船二号"外观看起来古怪而不可靠，它的内部则无疑让人安心——至少，我是这样认为的。它看上去有种来自六十年代的风格，犹如《2001：太空漫游》中的场景，又会怪异地让人联想到奥斯丁·鲍尔斯（Austin Powers）系列电影。舱内的舷窗几乎无所不在——舱顶、墙壁和地板上都有。舱内的座位都经过精心雕刻，看起来不像飞机座位，更像是贝壳。

尽管舱体内部显出复古的气息，事实却并非如此。它的形状是由一百零一位当之无愧的挑战者决定的。最关键的考量在于：如何在降落过程中让六名乘客享有自由，避免降落造成的不愉快体验？如何让每位乘客获得观察地球的完美视角，不论航天飞机处于何种倾斜角度？最重要的一点是，如何创造出安全、舒适、宽敞的内部空间，并同时保证航天飞机足够轻巧？

目前，我看过的许多商务航天飞行器都采纳了这种复古的设计，理由很充分，那就是许多新事物的诞生都曾受到旧观念的启发。第一架悬挂式滑翔机的发明并不会让莱昂纳多·达·芬奇感到困惑，而第一架登月火箭也不会让罗伯特·戈达德感到不可思议。人类总是这样，早在找到合适的建造材料前，就已经在为未来做规划了。

我们已经达到了"白色骑士二号"的最佳操作高度:大约在 48000 英尺到 52000 英尺之间(我们将可以自由选择最佳高度)。没有戏剧化的场景,也没有制造任何噱头,我们几乎是相当随意地就与母舰分离了。"太空船二号"被抛至空中,成为一个没有动力支持的巨大球体。一秒钟后,我们的周围传来了尖锐的嘶吼声,火箭开始点火。燃烧着的笑气喷射在燃料缸的橡胶衬里上,转化成气态。随后,气体溢出,我们的火箭开始向前猛冲,直接穿过"白色火箭二号"的飞行路线,然后进入平流层以上的紫色区域。

加速来得突然又持久,但并未令人感到不快。我们有足够的空间来进行呼吸和思考;我们有足够的空间从舷窗向外眺望时刻处于变化中的天空,从蔚蓝,经由无法形容的紫罗兰和靛蓝色,最后变成漆黑一片。谁将会看到第一颗星?

另外,我们也有足够的空间进行铭记。在这里,就是在这个高度,大卫·西蒙斯曾被塞进世界上首艘太空舱,在里面待了一天时间,看着雷暴云在他的下方聚集。在这里,麦克·亚当斯曾驾驶 X-15 触碰到了太空的边界,然后让飞机侧身飞回了地球大气层,接着飞机四分五裂:可怜的麦克根本没有机会逃生。

在这里,就是在这个位置,这个高度,乔·基廷格曾纵身跃下。

乔携带着三百二十磅额外负重跳了下去,大约花了十五分钟,经过十九点五英里的距离,才最终降落在了新墨西哥州图拉罗萨(Tularosa)以西二十七英里处。他狠狠地坠落在了地面上,四肢摊开地躺在那里,浑身脏污,境况凄惨。随后,直升机呼啸着来到现场。医疗人员紧急展开抢救,而基廷格勉强地挤出笑容,摇摇晃晃地站立起来,在没有人搀扶的情况下走向了新闻发布会。当他与等待多时的记者们交流时,他右手的肿胀逐渐消退了。

二十三年后,基廷格的右手和身体的其他部位一样健康有力。(尽管他的右肢曾经暴露在真空环境中长达数小时,却在几小时后完全恢复正常,人体真是不可思议。)他仍然坚持飞行,还创造了不少纪录。1983 年,他创造了一项新的轻气式气球的世界距离纪录,并在次年成为首位驾乘罗西·奥格雷迪(Rosie O'Grady)的"和平气球"独自横越大西洋的飞行者。1998 年,他帮助派·史蒂夫和我制定了环球飞行的计划。

然而,他从未实现自己最宏伟的梦想——他从未驾驶火箭进入太空,也不是首位独自驾乘气球环游世界的飞行者。但他不是那种耽于忧愁的人。

从美国空军退役后，乔·基廷格回到了事业发展的源头，在二十年里尝试过空中写字、条幅广告和驾驶气球。他也曾发表巡回演说，向冒险爱好者讲述自己驾驶双翼飞机在天空翱翔的往事。他说听众的微笑让他回想起了童年时在集市上看到的那些笑脸，当时，人群排起长龙，争相目睹挑战天空的壮举。

他最爱的飞机是"新标准 D - 25 型"作物喷粉机和邮件运输机。它们都是 1928 年的发明，跟他有着一样的年纪。

在这个行业，人们很容易变得缺乏耐心，抱怨变革姗姗来迟，尤其是在急切需要突破的时刻。我等待着对环境无害的合成燃料被研发出来；抱着一线希望，期待维珍航空公司在未来能够拥有轻型全复材的喷气客机。年复一年，我等待着这些目标的实现，这种等待无疑让我分心。我想到了乔·基廷格，这位出生于 1928 年、试验了第一件太空服、在新墨西哥沙漠上空从二十英里高处自由坠落的试飞员。我想起了我的母亲，她曾在阿夫罗·兰卡斯特飞机升上安第斯山脉时为乘客发放氧气面罩。我想起有动力装置的、重于空气的飞行器仅仅诞生于一个世纪之前：它的历史并不比一个人类的寿命长多少。

我们的下一代将会看到什么样的奇迹？

身处一百零九公里的高度时，位于卡曼线之上的"太空船二号"到达了飞行轨道的最高点。随着太空船缓慢地沿抛物线划过天空时，地球的重力逐渐减弱。现在，让我们停止思考，解开安全带搭扣，开始飞行。

来看看地球吧，通过舷窗来看一看它。地球广阔无垠，它不仅是一个让"阿波罗号"宇航员无比敬畏的太空球体。我们尚未离开地球母亲的怀抱，我们的足尖才刚刚触碰到等待着我们的无边海洋。别搞错了，这些只是浅水而已。好好享受眼前美景。你的下一趟飞行将会到达更远的地方。本杰罗的旅馆已经开放了数年，目前正在轨道上耐心等待着航天飞船的停泊，等待着第一名旅客的到来。总有一天，你将会前往更远的地方旅行，甚至前往月球——这一次并非为了享乐，而是为了谈生意：你要挖掘矿藏，你要建造火星漫游者，你还要对城市进行勘察。

我认为，这一切都取决于你有多年轻。这一切都取决于你剩余寿命的长短，以及你想要如何度过余生。毫无疑问：这里有无尽的奇观等待开发——如果我们无法完成，那就留给我们的下一代去完成。

穿越卡曼线：布莱恩·比尼从"太空船一号"上看到的地球景象。

想象一下从荒芜和污染中逐渐痊愈的世界，炎热的气候因为阳光防护板的存在而冷却下来，城市和工业依靠地球轨道上收集来的太阳能作为能源。想象一下把重工业从地球上彻底抹去，将它们送上轨道的情景。想象一下再也不用发射火箭的前景。想象一下电线从轨道上悬挂下来的样子——使用人造蛛丝或者碳纳米管支撑的粗大绳索。想象一下乘坐电梯进入太空的感觉！

这些并非我的突发奇想。它们已经存在多年。康斯坦丁·齐奥尔科夫斯基（Konstantin Tsiolkovsky）在 1895 年首次提出了太空电梯的概念。随着时间的推移，不断有新材料问世，这些想法逐渐趋于实现。碳纳米管已经在实验室中成为现实。我们制作巨型太空镜所需的超轻反光材料，已经普及了一段时间。我们现在正用它来制作袋装油炸土豆片的包装呢。

我们为什么总是在谈论太空的未来发展？我们目前对太空的利用已经颇为充分，但我们并没有为此进行应有的庆祝。就在派和我驾驶气球飞越太平洋后，我俩非常幸运地没有在加拿大落基山脉附近的湖泊上冻死。（他们从此将那个湖泊命名为布兰森湖！）我们的飞行舱里安装的呼救信号器是当时最先进的产品，但在当时的系统下，对话并不是通过卫星进行的，而只是针对过往的飞机。如果当时没有遇到一架正在附近飞行的加拿大空军"大力神"飞机，我们等待救援的时间将会远远超过八小时。而在今天，即使我被扔到一座孤岛上，我也能通过附近的卫星，使用手机发送遇险信息，然后在等待救援的同时使用全球定位系统，帮忙寻找水源。一旦回归文明社会，我的手机将会帮我在地球上几乎任何一座城市找到能好好吃一顿的地方。

卫星通信对我们的日常生活产生了明显而直接的效果。但是，通信产业以外的其他产业对卫星技术有着更深层次的依赖。就拿经常困扰我们的食品产业来说。自从我出生以来，地球人口已经扩大了三倍。跟二战结束时相比，我们现在必须为三倍于当时的人口供应食物。我们依赖地球的卫星图像来种植足够的食物。我们充分利用当地天气预报来增加作物的收成。随着农业用地日益稀缺，随着增长的人口对地球的毁坏日益增加，卫星图像变得不可或缺。它被用于规定杀虫剂和肥料的使用范围；它可以预测并管理土地用途的变更，把人类对大自然的破坏程度降到最低；它绘制地图，确定自然灾害（例如，2008 年 5 月在缅甸肆虐的热带风暴"纳尔吉斯"）的破坏性；它还被用于预测全球食品价格的波动情况。

通过从太空收集来的数据,我们对全球的食品供应进行管理。不用我说,你肯定知道这种管理方式并不完美。这个系统中充斥着各种不平等。但是,如果没有太空数据的存在,情况只会变得更加糟糕,地球十分之一的人口将会饿死。

我们是怎么变得如此迟钝,以至于仅能依靠卫星照片的帮忙才幸免于大饥荒?回答就在数字当中:电影《2001:太空漫游》在 1968 年上映时,地球人口少于四十亿。现在,地球人口已接近七十亿。等到我的孩子活到我现在的年纪时,地球大约需要养活一百亿人口。

在未来很多年里,卫星图像将会帮助人类应对人口增长。它们将为我们供应食物,帮助我们拯救日益恶化的自然环境。最重要的是,史上第一次,它们将让我们精确地衡量出人类对地球到底造成了多大的伤害。如果没有卫星图片,就不会有全球绿色行动,不会有国际性的控制温室气体的举措(哪怕已是亡羊补牢),也不会有对拯救自然环境的国际性项目的支持。如果没有卫星图片,我们将会盲目地步入史上最严重的生态危机,而无从知晓未来生活方式的改变——究竟会变得更好,还是更坏。

真相就是:地球无法为一百亿人提供足够的食物和饮用水,更不必说建设足够多的居住地、道路、医院或者学校。幸好,这种情况不会发生。多年来,太空产业已经为不计其数的人类供应了生活所需。但是,不用太久,也许就在我们下一代的有生之年,情况将有所改变。无论如何,地球人口会得到控制。我们要么采取积极措施,要么就得忍受食物短缺。无论是那种情况,数十亿人口都将会从地球历史中消失。

我们能做些什么? 首先,我们可以把对地球的伤害降到最低。在这个方面,太空产业已经证明了自身的价值,并将继续做出贡献。IT 产业让人类免于不必要的旅行——至少理论上如此。不幸的是,IT 产业的二氧化碳排放量是商务飞行排放量的两倍! 好消息是我们已经知道如何让 IT 产业重回正轨。利用二十四小时不间断供应的、未经过滤的阳光作为能量,全球通信系统将会借助太空的帮忙,将人类的文明延续下去,而且全球的气候也会因此感谢我们。(利用现在的火箭技术,甚至这个行动所要付出的环境代价,都会在长期收益面前显得微不足道。)

然而,不管你有没有虔诚地每周回收玉米片包装袋,也不管你是否曾极力呼吁在地球轨道上建立太阳能发电站,你所做的善举并不能解决根本问题。最根本的问题在于,地球无法在人口超过五十亿时依然提供舒适的环境。不要搞错我的意思：全球变暖的危机的确存在，而且亟待解决。但是，它不像它背后的危机那么严重，这个危机就是：未来，人口可能达到一百亿，而且，跟过去的一百八十万年里一样，主要依靠消耗现存的资源来维持生存。

我们要立即开始解决问题。中国人早已执行"计划生育"多年。从某种意义来说，这个政策是成功的。当然，"计划生育"也受到了不少指责，有许多人认为此举抹杀了无辜的生命，且国家还必须应对各种不可预计的社会问题。无论如何，想让这个政策得到全世界的认同，无异于痴人说梦。生孩子就像吃饭、呼吸、争吵和做饭一样，是我们的本性使然，你无法回避人类的本性。

我们还能做什么？好吧，如果地球没有足够的能源以维持人类生存，我们就得从别处收集能源——通过太空中的太阳能板收集太阳的能量，便是可能的一个选择。如果我们将地球上的重工业移至太空，就能找到足够的空间来种植农作物——至少可以维持一阵子。然而，不管我们怎么做，人口增加始终让我们感觉芒刺在背。毕竟，我们的星球不可能变得更大。

最终，我们中的一些人将选择干脆移居其他星球。其实，这个想法由来已久，而且比人们通常的想象更加严肃，也讨论得日渐频繁。史蒂芬·霍金（Stephen Hawking）对外宣称，他加入我们维珍银河公司的理由，就是要推动地外殖民。

月球商务旅行也许会在我有生之年变成现实，而这些旅行的目的应该是采矿，以及提取作为核聚变原料的氦-3。NASA 原本计划在 2019 年建造"尼尔·奥·阿姆斯特朗月球前哨"。这项计划一直处于酝酿之中，但是移居月球这项事业并非是只有一匹马的赛马场。当 NASA 的宇航员自 1972 年首次登月之后再登月球时，也许中国人会在那里迎接他们——这是很有可能的。同时，印度的"太空研究组织"在 2008 年 10 月 22 日发射了首枚月球探测器"月船一号"，里面装满了探测氦-3 的科学仪器。

另一种移居方式离家更近。水覆盖了地球上三分之二的面积，而我们尚未深入地探索过海洋。事实上，我们目前为止所做的只是污染和破坏伟大而神秘的海洋资源。在海底探索方面，中国、俄罗斯和美国军队引领着世界潮流，但目前研发的载人潜艇仍然无法下潜至海底两万英尺的深度以下。除此之外，潜艇内的探索者无法看清艇外情况，更不用说与他们进入的神秘领域互动了。

另一家维珍集团的新公司——维珍海洋公司——目前正在寻找投资机会,试图进入深海资源勘探领域。我们已经与"海上的伯特·鲁坦"——英国发明家格雷厄姆·霍克斯(Graham Hawkes)——建立了良好关系。他发明的第四代探矿潜水艇"超级飞行员"采用了针对水下环境的航空电子技术,因此,它仿佛真的在海底"飞行",可以为驾驶者提供周边环境的全方位环绕视角!

格雷厄姆深信,飞机的设计布局同样适用于深海潜艇;而且,他所说的"深海",绝对名副其实——潜艇将会下潜至三万五千英尺的海底!碳纤维或者金属都无法承受这种压强,但是玻璃可以。奇怪的是,玻璃并非固体,而是一种流动异常缓慢的液体,因此拥有足够强大的力量,能够抵挡深海压强。我们真心希望,维珍海洋公司的玻璃潜艇能成为未来海洋事业的"太空船一号"。最关键的是,我们正与格雷厄姆最强劲的竞争对手(他的前妻以及前妻之子,两人各自开设了独立的公司)进行洽谈,我迫不及待想要看到他们在未来几年的发展势头。

我们的失重状态即将结束。地球母亲开始使劲将我们拉回地球,我们不得不回到座椅。"太空船二号"已做好准备,将会像西克莫树种子一样旋转着返回适宜飞行的厚重的地球大气。考虑到我们对未来的规划,维珍银河的飞行似乎的确有些不起眼。但是,我们不应该对梦想感到窘迫。远在飞机离开地面之前,汉森和斯特林费洛就已经为他们的民用航空公司设立了国际航线。二十世纪二十年代,运载美国信件的双翼飞机为如今的国内客运服务打下了基础。维珍银河公司的一项长期目标就是通过亚轨道太空开展洲际商务客运服务,从而极大地减少旅行时间和二氧化碳排放量。在这个世界上,无论想要实现什么目标,你都必须努力向自己还没够着的地方伸出手去。

无论要前往太阳系何处,无论要深入到宇宙多远的地方,我们都将不断地发明新的旅行方式和新的飞行器。太空时代的到来并不意味着飞行的终结。情况恰恰相反。所有的星球和它们的卫星都为飞行者提供了独特的挑战。新的飞行器将会问世,而旧的飞行器也将得到重新被发掘与考量的机会。飞行的巨大魅力永远不会过时(我认为这一点同样适用于其他工程学科),而被人遗忘的计划终将得到重视,并被赋予新的用途。

人类已经开始迈出征服火星的脚步。火星周围的大气极其稀薄。这样的"空气"环境下，普通的航天飞机很难在其中飞行，于是，设计新式飞行器的计划就包括了可充气机翼，以及模仿昆虫形态的设备。但是现有的气球和飞船设计也能在改造后正常运作，尤其是考虑到它们的气囊已经可以用光电材料制作，因而可从太阳光中汲取能量。NASA 目前为"全球航空公司"提供资金，针对一种用于火星的"空中机器人"展开研究。未来，一艘"空中机器人"太空船将会运载整船的科学仪器，以及一套能够放置在火星表面的小型探测器。

金星为飞行器设计者们提出了全然不同的挑战。这个星球被厚厚的云层覆盖，飞行器在云层上面运行得足够良好。我们知道，1986 年苏联和法国展开合作，成功地将两只氦气气球降落在了金星的大气层内。气球停在了距离金星表面三十四英里的地方，随后发回了气象数据。比起地球，金星距离太阳更近，因此未来飞行器的设计方向就是利用太阳能电池。飞往金星的航天飞机设计多样，有的平淡乏味，有的奇异古怪。其中，我最欣赏一架"固态"航天飞机；它本质上是由人工肌肉制成的光电单翼飞行器，能够像雄鹰一样穿透金星大气的上层！

想要接近金星表面非常困难。金星的云层完全由硫酸形成。金星大气的主要成分是二氧化碳，而且含量相当高。金星表面的大气压力也相当惊人，是地球表面的九十二倍。站在金星的地平面上，你会感觉到强大的气压，这种压力足以把人压成肉酱。二氧化碳造成的另一个效果是保存热量——极多的热量。在多云天气（金星上通常都是多云），金星的地表温度可以达到四百六十摄氏度，比水星表面更热。要想到达金星，并且在进行探测的过程中生存下去，需要换个新的角度思考。帕萨迪纳的 NASA "喷气推进实验室"（JPL）正在设计一种空中机器人，它能够将探测器抛掷到地表，然后倾听探测器的汇报，直至探测器在温度和压力的作用下失灵。另一种设计是可逆转液态气球，里面充满了氦气和水。降落在金星地表之后，它会开始收集样本，然后升空并将收集到的样本放置到一些小型火箭上，最后让轨道飞行器带走火箭。

令人欣喜的是，大多数我们感兴趣的外太空环境要比金星友善得多。土卫六是土星最大的卫星，它的大气层充满了氮气和化学成分类似石油的物质，而且其浓稠度足有地球大气的两倍。宇宙飞船能够轻易地穿过烟雾，研究这个卫星的表面，寻找可能存在的复杂有机物的生存痕迹。朱利安·

诺特——曾于 1975 年飞过纳斯卡平原的一位气球驾驶员——认为那里的条件堪称完美,气球可以在数年内一直保持飘浮状态。这并不仅仅是猜测:在过去的五年间,朱利安和 JPL 一直在合作研究土卫六充气飞行器的设计细节!

木星也适宜太空船前往探索。木星飞船和火星飞船的设计截然不同。首先,木星距离太阳太远,飞船无法依赖太阳能。相反,它们需要通过木星自身释放的红外线来聚集能量。其次,木星大气层主要由氢气构成,因此气球明显无法使用氢气或者氦气来向上抬升。木星飞船必须是热气式气球。它们将会是蒙戈尔费埃式气球。多么奇妙!首创于 1783 年的技术,也许某一天可以在这里——太阳系的外围——实现自己的价值!

我们开始返程了。我们缓慢地降落在地球表面,仿佛西克莫树的种子一般旋转着穿透平流层。这里没有风暴——没有暖锋,也没有冷锋;什么天气现象也没有。在平流层,暖空气处于冷空气之上,温度从上到下平稳下降,最低可到零下六十摄氏度左右。在这个远离地球的寒冷地方,人们很容易把地球上的生活想象得同样稳定而可预测。

然而,等我们下降到距离地面五到十英里的高度时,一些怪事发生了。我们越是向下降落,温度越高。大气的最底层受到地表的加热。它们就像架在炉子上的水一样,被从底部加热,不停地翻滚旋转。暖空气团狠狠地撞击着冷空气层,同时,大量的冷空气就像浴缸里的水从放水口流出去那样,被吸往地球表面。呼啸的风互相摩擦,使大气层带电。地球上的夜区电闪雷鸣。大气层中最狂暴的部分是底层的对流层,天气变化就是在此酝酿而生的——多数情况下,人造飞行器也多半在此发生事故。在这层厚重而猛烈的大气里,我们的机翼展开了——"太空船二号"成为常规的滑翔机。

现在,我们进入着陆前的最后飞行阶段了。

重新感受到天气变化,置身于充斥着雨、雾、冰的时时变化的日常世界里,我们不禁感到疑惑:接下来会发生什么?我们的梦想是否会实现?我们是不是真的能够探索其他世界,发掘小行星,从太阳获取无尽的能量?预测未来是蠢人所为。天气本身就够难理清的了。气象学家鲍勃·赖斯仍然记得有那么一段时期(大约在七十年代),气象学家们只能预测隔天的天气。"我们花费了很长时间才实现了二十四小时预报,因此,我们根本没有时间来研究四十八小时预报。"他回忆,"如果要我们实现七十二小时预报,那还不如叫我们扔飞镖来决定。"

从那以来,天气预报取得了不小的进步,尽管只是人类所描述的天气——虽然我们曾不断思考、研究并进行科学考察,但仍然无法完全理解天气变化的机制与原理。我们对人类本身也是一知半解。用乔·基廷格的话说,我们能否学会如何与太空共处?我们能否学会如何在太空中生活?或者说我们是否会留在地球上,最终由于人口爆炸而灭亡?我们是会冲破地球的蛋壳,还是会死在这里?

地球不会对我们手下留情。在未来的一百年里,如果我们还继续犯错,我们就会彻底毁灭,这是确定无疑的。就好像飞船上的驾驶员不够明智、执着和清醒,没有事先建造着陆带、建好跑道导航灯并好好维护保修,那么飞船注定将会坠毁。

太空港就在我们身下,依旧如同一只不会眨动的蓝色巨眼。昼夜变换,太空港始终注视着日月星辰。

一百年后,它将会看到些什么?

在这个充斥着奇妙发明的时代，人们认为解决空中航行难题的办法沉睡于某个天才发明者的脑袋里。同时，人们还相信，天才会在他们离世前展现出这种奇迹；相应地，人们也害怕天才会不知道在哪里寻访打听，然后在发现沉睡于自己大脑中的奇迹之前就死掉了。众所皆知，空中航行是可行的，因此，你必须赶紧扬帆起航。让我们获得满足吧……让我们享有安宁。之后，随着铁路、汽船、海洋电报、飞行艇的诞生，所有运动着的物体无时无刻不在向我们保证，将会只剩下一样奇迹等待着我们去研究、窥探和担忧，那就是与木星和月球上的居民进行贸易，或者至少是电报通信。我恨不得马上看到这些外星居民！在有生之年，我们定会看到我们理应看到的东西。我有信心——满满的信心！

马克·吐温
1869 年发往旧金山的信件

图书在版编目（CIP）数据

飞天传奇：人类探索飞行的故事／（英）布兰森
（Branson，S. R.）著；钱峰译. —北京：法律出版社，
2012.9

书名原文：Reach or The kies

ISBN 978 - 7 - 5118 - 3732 - 5

Ⅰ. ①飞… Ⅱ. ①布…②钱… Ⅲ. ①航天—普及读
物②航空—普及读物 Ⅳ. ①V4 - 49②V2 - 49

中国版本图书馆 CIP 数据核字（2013）第 157108 号

飞天传奇：
人类探索飞行的故事

[英]理查德·布兰森 著

钱 峰 译

编辑统筹	大众出版分社
策划编辑	柯 恒
责任编辑	柯 恒
特约编辑	冯雅杉
装帧设计	马 帅

ⓒ 法律出版社 · 中国

出版 法律出版社	**开本** 720 毫米×960 毫米 1/16
总发行 中国法律图书有限公司	**印张** 18.25
经销 新华书店	**字数** 270千
印刷 世纪千禧印刷(北京)有限公司	**版本** 2013 年 7 月第 1 版
责任印制 沙 磊	**印次** 2013 年 7 月第 1 次印刷

法律出版社／北京市丰台区莲花池西里 7 号（100073）

电子邮件／info@ lawpress. com. cn 销售热线／010 - 63939792/9779

网址／www. lawpress. com. cn 咨询电话／010 - 63939796

中国法律图书有限公司／北京市丰台区莲花池西里 7 号（100073）

全国各地中法图分、子公司电话：

第一法律书店／010 - 63939781/9782

重庆公司／023 - 65382816/2908 西安分公司／029 - 85388843

北京分公司／010 - 62534456 上海公司／021 - 62071010/1636

深圳公司／0755 - 83072995

书号：ISBN 978 - 7 - 5118 - 3732 - 5 定价：45.00 元

（如有缺页或倒装，中国法律图书有限公司负责退换）